演習で学ぶ
有機化学
基礎の基礎

M. Cook and P. Cranwell｜著

新藤　充｜訳

化学同人

Workbook in Organic Chemistry, First Edition

Michael Cook, Philippa Cranwell

演習で学ぶ化学　基礎の基礎シリーズへようこそ

本シリーズは，高校レベルの化学を大学レベルに上げるためにつくられた演習書である．化学を勉強する学生だけでなく，生化学，食品科学，薬学など，化学が関連する学問を勉強する学生にも役に立つはずだ．本シリーズをつかって，ぜひ化学の重要な概念を理解し，身に着けてもらいたい．

特　徴

本シリーズは，無機，有機，物理化学の化学主要分野を網羅している．それぞれ，初年次に学習する標準的な内容を取り上げており，授業教科書や講義ノートの補足として最適だろう．自習用にも，学期末などの試験対策としてもオススメ（最後に一気ではなく，章ごとに取り組むとよい）．問題の解答だけでなく，解答プロセスを論理的アプローチとともに丁寧に示し，またヒントや学生が陥りがちな間違いについても触れている．

構　成

本シリーズは，化学課程の初年次に学習するトピックスを章ごとに分けて掲載している．大学のカリキュラム構成とまったく同じではなくても，本シリーズで取り上げたトピックスがしっかりと理解できていれば，初年次としては問題ないだろう．

各章は節に分かれており，各節のはじめに背景理論の概要をまとめた．ここでは概要のみなので，より詳細を知りたい場合には，講義ノートなどで復習してから取り組んでほしい．

各トピックスの概要のあとには，試験などに出てくる，典型的な問題を例題として掲載した．例題には，ほかの問題にも応用可能な詳しい解き方のほか，問題へのアプローチの仕方，よくある間違いなども掲載している．

例題のあとには，トピックスが身についているかを試す問題を，さらに巻末には化学の知識を利用して解くような総合的な問題を総合問題として掲載した．それぞれ，略解は巻末に，完全な解答と詳しい解説はWEBサイト（https://www.kagakudojin.co.jp/book/b512442.html）に掲載した．ぜひ活用してほしい．

本書の使い方

　本書はいろいろな場面で使えるが，試験対策として利用しようとしている学生が多いだろう．試験対策では，まずそれぞれのトピックスの概要を読み，理解できているかを確認したうえで，まずは例題を自力で解いてみることをお勧めする．

　ヒントには，ほかの化学の分野の知識などを掲載した．これを利用すると，問題に取り組みやすくなるだろう．

> ▶ヒント　最も優先順位の低い基が紙面の反対側になるように分子を回転させるのが難しいようならば，そのままにして，立体配置を帰属せよ．そして，最後に答えを逆にせよ〔すなわち，(R) は (S) に，(S) は (R) にする〕──そうすれば正しい異性体にたどり着くだろう！

　例題の横の側注には，単位変換のやり方や数学的な解説，学生が陥りがちなよくある間違いなどを掲載している．間違えた場合は，どこが間違いなのか，理解するようにしよう．

> ➡キラル分子のすべての立体中心を反転させると，その化合物がメソでなければ，エナンチオマーが得られることに注意せよ．それとは対象的に，立体中心のすべてではなく部分的に反転させると，ジアステレオマーとなる．

例題が解けたら，練習問題を解こう．巻末で答えを確認するだけでなく，WEB サイト（https://www.kagakudojin.co.jp/book/b512442.html）に掲載する詳しい解答で解き方も確認してほしい．

　さらにそれぞれの章が理解できたら，巻末の総合問題にも挑戦してほしい．試験前の仕上げとして演習問題を解くのもよいだろう．練習問題と同じように，解答は巻末に，詳細は WEB サイトに掲載した．

訳者まえがき

　有機化学は化学の学術的基盤の一翼を担っており，その歴史は古い．過去の「実験事実」や「論理」が否定されることは少なく，どちらかというと積層型の学問である．したがって，年々学ぶべき事項が増えることもあり，教科書はどれも分厚い．昨今，有機化学の学部向け教科書は百花繚乱で，古くから定評のある老舗教科書もあれば，最新の内容も組み入れた斬新なものもある．いずれも論理構成が明快で，解説も懇切丁寧である．

　大学で学ぶ有機化学が，高校での有機化学と大きく異なることは，学生諸君はすぐに気がつくだろう．大学では有機電子論でその論理性を新たに学び，分子軌道論でより論理深化する．そこが「the 大学の有機化学」であり，学問としての知的好奇心を喚起する魅力的な分野と感じる．その一方で，大量の内容が怒濤の如く押し寄せてきて，一度波に乗り遅れると追いつくのに難儀する．教えるほうも手を変え，品を変え，その論理性と考え方を伝授し，学術的関心を喚起するように心がけるが，時間は無限にあるわけではない．

　学部生に有機化学を講義すると，学生から演習の要望がしばしばある．時間に余裕があるときは要望に応えられるが，余裕がない場合，自分で教科書の演習問題を紙とペンを使って解くように指導する．大学受験では問題集を買って問題を解くことが習慣であったはずなのに，大学に入ると講義（教科書）を眺めるだけなのか，試験で撃沈する学生が少なからずいる．

　教科書に掲載されている演習問題は解説が簡略化されているものもあり，とくに章末問題は略解しかない場合が多い．また，演習書（問題集）は大学院入試を対象としているものが多く，初学者が取り組むには難しすぎる．すなわち，高校の『チャート式○○』とか『○○のよくわかる化学』といった基礎的な演習書が少ないことが気になっていた．

　そんなことを考えていたある日，某学会の化学同人ブースで旧知の編集者から本書の翻訳を依頼された．解説がとても丁寧なので，学生に薦めるにもちょうど手頃だろうと思って，というより，本も薄く翻訳にそれほど時間もかからないだろうと，（やや安易に）お引き受けすることにした．

　本書の問題数はそれほど多くないが，どの設問にも詳細な解説があり，初学者が自習するのにちょうどよい構成になっている．一般的な教

科書によくある官能基ごとの章立てではなく，反応様式でまとめられている．このかたちであれば，教科書では各論をばらばらに習得していたものを，自らの頭のなかで再構成して体系化する助けになる．すなわち，知識の詰め込み型ではなく，論理性重視となっている点で特徴的である．さらに，Web で公開されている章末問題の解答も，詳細かつ丁寧で初学者が指導者の助けなしに理解するのに十分である点も本書の特徴である．

　以上のように，本書は有機化学の論理を脳内で再構成するのに最適な自習型演習書である．この 1 冊を学ぶことで，有機化学の面白さを再認識するとともに自信がつくことは間違いない．有機化学を専門とする学部学生にとっても，専門外とする学生にとっても，有益な 1 冊である．

　最後に本書の翻訳をお勧めしてくれた化学同人の栩井文子さんに御礼申し上げる．

2021 年　春

新藤　充

contents

1

有機化学の基礎

1.1 有機化合物の構造を書く

有機化学とは，生体物質のほとんどを占める炭素原子を含む分子を研究する学問である．炭素をつなげると長鎖を形成できて複雑になるので，有機分子は実に魅力的である．諸君は化学の入門講義で，有機分子を示す示性式や構造式（structural formulae）をよく目にするだろう．しかし，専門的な有機化学では，複雑な構造を簡単にすばやく示すため，ほとんどの場合は骨格構造式（訳者註：一般に構造式ということが多い）を使う．したがって，それが何を意味するのか理解できるようになる必要がある．

骨格構造式を書くには

- 炭素原子に結合しているすべての水素原子を書くとはかぎらない ——ただ単に，多すぎる！
- 炭素原子の鎖は単純にジグザグに書く．そのとき，それぞれの連結点は（水素原子が結合した）炭素原子を意味する．
- 二重結合と三重結合は，連結点のあいだを二重線，三重線で結ぶように書く．
- N，O，P，S，ハロゲンのような「ヘテロ原子」は通常どおり元素記号を使って書く．

例題 1.1A

次の 4-アミノ-2-ブタノンの構造式を骨格構造式に書き換えよ．

$$H-\overset{\overset{\displaystyle H}{|}}{\underset{\underset{\displaystyle H}{|}}{C}}-\overset{\overset{\displaystyle O}{||}}{C}-\overset{\overset{\displaystyle H}{|}}{\underset{\underset{\displaystyle H}{|}}{C}}-\overset{\overset{\displaystyle H}{|}}{\underset{\underset{\displaystyle H}{|}}{C}}-NH_2$$

4-アミノ-2-ブタノン
（4-アミノブタン-2-オン）

解き方

まず，炭素に結合している水素原子は書く必要はない．ただし，アミン（－NH_2）の水素原子は残しておく．アミンは官能基であり，その反

➔ 炭素原子が（結合して）鎖を形成する方法を「カテネーション（catenation）」という言葉で説明することがある．

➔ 「イソプロパノール」ともよばれる 2-プロパノールを表記する方法：

分子式：C_3H_8O
示性式：$(CH_3)_2CHOH$
構造式：

$$H-\overset{\overset{\displaystyle H}{|}}{\underset{\underset{\displaystyle H}{|}}{C}}-\overset{\overset{\displaystyle O-H}{|}}{C}-\overset{\overset{\displaystyle H}{|}}{\underset{\underset{\displaystyle H}{|}}{C}}-H$$

骨格構造式：

➔ このジグザグ表記は四面体の炭素原子に見られる 109.5° の結合角に由来する．二重結合や三重結合をもつ炭素原子の結合角はわずかに異なる．詳しくは軌道の混成について述べた節（1.4節）を見よ．

➔ ルイス（Lewis）構造式を書くように求められることもある．これらは骨格構造式と同じだが，孤立電子対を示すドット（点）を含んでいる．

骨格構造式

ルイス構造式

応性を示すのに水素原子は重要である可能性が高いからである．ここで炭素鎖を，連結点が炭素原子を示すようにジグザグに書きなおすが，O 原子や N 原子はそのまま残す．これで骨格構造式が完成する．

4-アミノ-2-ブタノン（4-アミノブタン-2-オン）

「先端」はCH₃を表していることに注意しよう．

例題 1.1B

　メチル *tert*-ブチルエーテル（methyl *tert*-butyl ether；MTBE）はジエチルエーテルの代替や無鉛ガソリンの添加剤として使われることのある有機溶媒である．この示性式は $CH_3OC(CH_3)_3$ である．この構造式と骨格構造式を書け．

解き方

　有機化合物の構造式を書かせられることはあまりないだろう．しかし，構造式は分子式と骨格構造式の中間段階としてここでは有用である．炭素鎖に沿って左から右に進み，結合を直角に書くと，左下に示したような構造式になる．三つのメチル基（CH_3）が同じ炭素原子に結合しているように書かれていることに気をつけよ．これで例題 1.1A で学んだ方法を使って，骨格構造式へ書き換えられるようになる．*tert*-ブチル基，$C(CH_3)_3$ は，紙面上に平たく表しても，三次元的に表してもよいことに注意せよ．ここでは両者を図示したが，三次元的に構造式を表現することは，後のトピックで説明する際にとても重要になる．

→破線とくさび：三次元構造を紙面上に表現するには，「破線」と「くさび」を使えば，結合が紙面の向こう側に向かうか，見ている側に向かうかをそれぞれ表現できる．

C，「a」，「b」が平面を形成し「d」はその平面の上に，「e」は下にある．

この破線は「e」がこちらから離れていくことを示す．

このくさびは「d」がこちらに向かっていることを示す．

構造式　　　「平面」骨格構造　　　「三次元」骨格構造

　この例から，比較的単純な分子でも完全な構造式を書くことで，その複雑さの度合いがわかる．分子を骨格構造式で書くと，構造情報を失うことなくその形を単純に表すことができる．

> ❓ **問題 1.1**
>
> 次の示性式を構造式に書き換えよ.
>
> (a) CH₃CH₂CH₂CH(CH₃)₂
>
> (b) CH₂CHCH₂OH
>
> (c) CH₃CH₂CCCH₃
>
> (d) (CH₃)₃CCH₂CH₂CH₂OH
>
> ▶**ヒント** それぞれの炭素が結合している水素原子の数を確認せよ. 二重結合や三重結合の存在の有無がわかるだろう.

> ❓ **問題 1.2**
>
> 次の構造式を骨格構造式に書き換えよ.
>
>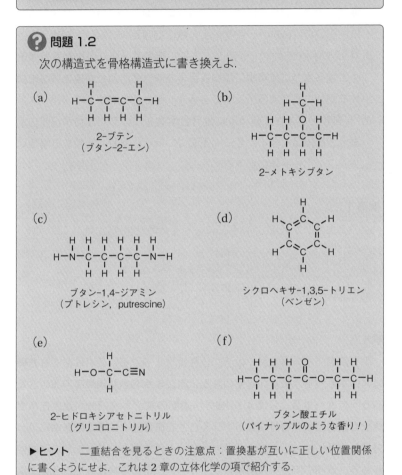
>
> ▶**ヒント** 二重結合を見るときの注意点：置換基が互いに正しい位置関係に書くようにせよ. これは 2 章の立体化学の項で紹介する.

➔ アルケンとアルキンの結合角に注意することを忘れないように. C＝C 結合は置換基が 120° になり, C≡C 結合は 180° になる. この理由は 1.4 節で説明する.

1.2 有機化合物の命名

分子の名前からその構造式が書けるようにするために, 有機化合物に名前をつける規則である「命名法」が国際純正応用化学連合（The International Union of Pure and Applied Chemistry；IUPAC）によって提示されている. これは, 分子の IUPAC 名がわかれば, その構造式が書けることを意味する. 原理的にはとてもよい方法であるが, すぐに複雑化してしまう. 本書では化合物命名法の鍵となる概念を紹介し, 有機化合物の命名の一般的な方法を説明する. ただし, 例外もたくさんあることに注意しておこう.

→ 今日，IUPAC 規則に従っていない化学者がいまだに使っている，慣用名はたくさんある．しばしばそのような名前を目にするだろう．アセトン，ホルムアルデヒド，トルエンなどである．これらの慣用名は分子の名称を単純化するのに便利だが，一定の法則がないので，それぞれ覚える必要がある．

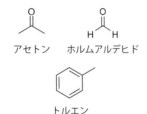

アセトン　ホルムアルデヒド

トルエン

→ このように番号づけをすると，その位置が「ロカント（locant）」として表記されることがあるので注意せよ．

→ 同じ置換基が複数あるときは，ジ-，トリ-，テトラ-といった接頭辞を使うことに注意せよ．この追加の接頭辞は複数の置換基のアルファベット順に影響しない．たとえば，エチル（ethyl-）はIUPAC名ではジメチル（dimethyl-）の前に位置することになる．

アルカンの命名

IUPAC 命名法を使ってアルカンを命名するには

1. まず，親炭化水素鎖（parent hydrocarbon）を見つける．これは最も長い連続した炭素鎖である．その鎖に枝分かれがなければ，単純にその分子の炭素鎖の炭素数（メチル，エチルなど）にアン（-ane）をつけて命名する．これを**基本名**（root name）という．環状アルカンの場合には，シクロプロパン，シクロペンタンのように，シクロ（cyclo-）を基本名の前につける．

2. 枝分かれがあれば，最初のアルキル置換基（枝）の位置番号が最小になるように炭素鎖に端から番号をつける．これが優先順位を決める規則の最初のポイントである．

3. 炭素鎖のアルキル置換基に番号と名前をつける．これが親炭化水素名の接頭語となる．名前の先頭につける置換基が複数ある場合は，アルファベット順に並べる．

例題 1.2A

次のアルカンを IUPAC 命名法に従って命名せよ．

解き方

　まず親炭化水素鎖を見つけて，位置番号をつける．これは必ずしも簡単とはかぎらず，複雑な骨格のなかに親炭化水素鎖が隠れていることもある．だから慎重に考えよ！　また，最初の枝分かれ部分が親炭化水素鎖上の最も小さな番号になっていることも確認せよ．その炭素鎖に沿った番号づけには（訳者註：右端からもしくは左端からの）二つの可能性がある．最初のアルキル置換基がより小さい位置番号になるほうが，正しい番号づけである．

正　　　　　誤

　ここで親炭化水素鎖は 8 炭素鎖長とわかる．したがって分子の名前はオクタン（-octane）で終わる．次にアルキル置換基もしくは枝分れ部

分を扱う．炭素 2 （もしくは C2）位の置換基は $-CH_3$ であり，2-メチルという接頭語で表され，C5 位は $-C_2H_5$ もしくは 5-エチル（5-ethyl）という接頭語で表される．そして，これらの置換基を**アルファベット順**に親炭化水素名の頭につけていくと，**5-エチル-2-メチルオクタン**（5-ethyl-2-methyloctane）という名前になる．

一つの官能基をもつ化合物の命名

官能基を一つもつ有機分子を命名するときは，上述の方法を少し修正する必要がある．そこで有機分子を命名するときには，次のことを考慮する：

1. 存在する官能基を調べる．これを分子の接頭語か接尾語に加える．後者の場合，基本名の末尾の-ane を入れ替える．可能であれば，接頭語よりも接尾語を使うのが一般的である．官能基命名法の一般的な例をいくつか下に示す．

分　類	アルコール	アルデヒド	ケトン	カルボン酸	ハロゲン化アルキル
構　造	R—OH	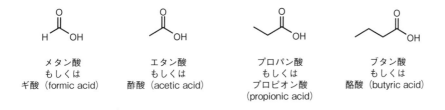			
接尾語	-オール(-ol)	-アール(-al)	-オン(-one)	-酸(-oic acid)	———
接頭語	ヒドロキシ-	オキソ-*	オキソ-*	———	X: F（フルオロ-） Cl（クロロ-） Br（ブロモ-） I（ヨード-）

* あまり見ない

2. **官能基が結合している**最長の炭化水素鎖を特定する．これで基本名およびそれにつく接頭語および接尾語が決まる．例を以下に示す．

メタン酸
もしくは
ギ酸 （formic acid）

エタン酸
もしくは
酢酸 （acetic acid）

プロパン酸
もしくは
プロピオン酸
（propionic acid）

ブタン酸
もしくは
酪酸 （butyric acid）

➔ ややこしいことに，ハロゲン化アルキル，アルケン，アルキンでは当てはまらない．というのは，これらの場合，親炭化水素鎖が最長連続炭素鎖となるアルカンの命名法が適用されるからである．たとえば，

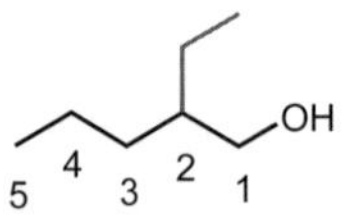

2-エチル-1-ペンタノール
（2-エチルペンタン-1-オール）

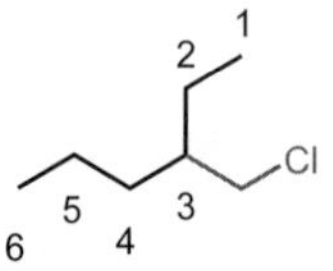

3-（クロロメチル）ヘキサン

3-（ヒドロキシメチル）ヘキサン
ではない

1-クロロ-2-エチルペンタン
ではない

2-エチル-1-ペンタノールでは，親炭化水素鎖は官能基（−OH）が結合した最長連続炭素鎖となる．しかし，3-（クロロエチル）ヘキサンではハロゲン官能基をもっているので親炭化水素鎖は，分子中での最長連続炭素鎖となる．ハロゲンを含むクロロメチル置換基は接頭語として名前につけ加える．これはそれほど頻繁に現れないが，知っておくべき重要なことである．

3. その官能基が最小番号になるように親炭化水素鎖に番号をつける．分子中のどんなアルキル置換基もこの官能基に従って番号づけされる．たとえば，

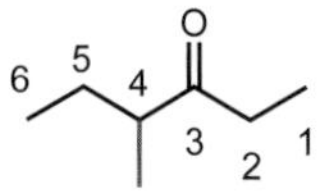

4-メチル-3-ヘキサノン
（4-メチルヘキサン-3-オン）
3-メチル-4-ヘキサノンではない

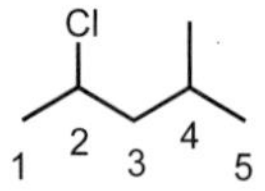

2-クロロ-4-メチルペンタン
4-クロロ-2-メチルペンタンではない

例題 1.2B

4-エチル-5-メチル-2-ヘプタノンという IUPAC 名から得られる情報を用いてその構造を書け．

解き方

この分子を書くには IUPAC 名から構造情報を系統的に引きださなければならない．必要なすべての情報を得るためには，名前の後方から考えるとよい．

1. 接尾語の 2-オンは C2 位にケトンがあることを示している．
2. 基本名のヘプタンは親炭化水素鎖が 7 炭素長であることを示している．
3. 接頭語の 4-エチル-5-メチルはエチル基とメチル基がそれぞれ C4 位と C5 位に置換していることを示している．

これら三つの構造情報を使って，標的分子の構造を書くことにしよう．

親炭化水素を書いて，それに位置番号をつけてから官能基とアルキル置換基を指示された位置に書いていく方法がよいだろう．まず，7炭素鎖を書き，次に左から右に位置番号をつける．そして，C2位に官能基のケトンを書き，エチル基をC4位に，メチル基をC5位に書き加える．これで4-エチル-5-メチル-2-ヘプタノンの構造が得られる．

4-エチル-5-メチル-2-ヘプタノン
（4-エチル-5-メチルヘプタン-2-オン）
(7)

4-エチル-5-メチル-2-ヘプタノン
（4-エチル-5-メチルヘプタン-2-オン）

炭素鎖を書く　　　　　位置番号をつける　　　　官能基と置換基を書き加える

複数の官能基をもつ化合物の命名

分子に複数の官能基があれば，どの官能基をIUPAC名の接尾語にするのかは，決めなければいけない重要な問題である．これを決めるためにIUPACでは，より優位の官能基が（適切な）接尾語と親炭化水素鎖を決定する，という官能基間の優先性を定めている．IUPACではこれを，官能基の**序列**とよんでいる．官能基の序列は巻末の付表3に載せた．

例題 1.2C

イソロイシンは，ヒトでは生合成できず，食物から摂取しなければならない必須アミノ酸であり，IUPAC名は2-アミノ-3-メチルペンタン酸である．この情報をもとに，イソロイシンの構造式を書け．

解き方

2-アミノ-3-メチルペンタン酸というIUPAC名のイソロイシンの構造式を問われている．この名称には構造式を書くのに必要なすべての情報が含まれている．例題1.2Bのように，この名前は三つの部分に分割できる．

1. 接尾語である「〜酸（oic acid）」により，これがカルボン酸であることがわかる．
2. 基本名はペンタンなので親炭化水素鎖は5炭素鎖である．
3. 接頭語から置換基の性質と位置がわかる．3-メチルからメチル基がC3位にあることがわかる．

この情報を使って親炭化水素鎖を書き，炭素原子に番号をつけ，次に官能基と置換基を正しい位置に足せばよい．この方法を下に示す．

→ 官能基の優先順位は分子の命名において接尾語を決めるのに重要である．優先順位をつけなければ，同じ分子でいくつもの違った名前がつけられてしまうだろう．たとえば，次の分子では，IUPAC命名法においてアルコールがアミンより優先されるため，正しいIUPAC名は3-アミノ-1-プロパノールとなる．

H₂N〜〜OH

正：3-アミノ-1-プロパノール
（3-アミノプロパン-1-オール）

もしくは

HO〜〜NH₂

誤：3-ヒドロキシプロパニルアミン

2-アミノ-3-メチルペンタン酸

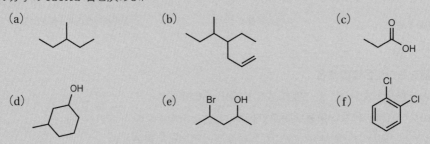

親炭化水素鎖を書き，番号づけする　　　官能基と置換基を書き加える　　　イソロイシン

❓ 問題 1.3

次の分子の IUPAC 名を決めよ.

(a)

(b)

(c)

(d)

(e)

(f)

▶ヒント　何か見知らぬ官能基があれば，巻末の付表 3 の命名表が参考になる. そして複数の官能基があれば，その優先順位に注意せよ.

❓ 問題 1.4

次の分子の構造を IUPAC 名から得られる情報をもとに書け.

(a) 5-エチル-3,3-ジメチルオクタン

(b) 1,1-ジメチルシクロプロパン

(c) 1,3-ジクロロペンタン

(d) 2-プロピン-1-オール

(e) 1-メチル-4-(1-メチルエチル) ベンゼン　（慣用名「シメン」）

(f) 3,7-ジメチル-1,6-オクタジエン-3-オール

▶ヒント　-エン（-ene）と-イン（-yne）といった官能基を番号づけするときは，その官能基の最初の炭素原子から番号づけせよ. たとえば，1-ベンテン（penten-1-ene）では，二重結合は C1 と C2 のあいだにあり，2-ベンテン（penten-2-ene）では C2 と C3 のあいだに二重結合がある.

1-ベンテン（ペント-1-エン）　　2-ベンテン（ペント-2-エン）
（トランス）

➡3,7-ジメチル-1,6-オクタジエン-3-オールもしくは「リナロール（linalool）」はシャンプーや泡風呂に加える人気の芳香剤である. 花のよい香りがする.

1.3　軌道の重なりと結合

原子は電子に囲まれ，陽子と中性子を含む原子核からなる. これらの電子は，それぞれの殻にある s, p, d, f と名づけられた原子軌道（AO）

に収容されている．有機化学では，おもに s 軌道と p 軌道を扱う．これらは，それぞれ特徴的な球形およびダンベル型をしている．分子を形成するためには，原子はその原子軌道が重なって分子軌道を形成し，原子どうしが結合する必要がある．二つの原子軌道の組合せにより二つの分子軌道（MO）が生成する．一方の分子軌道は構成する原子軌道よりもエネルギーは低くなり（結合性），もう一方の分子軌道のエネルギーは高くなる（反結合性）．結合性軌道は原子軌道どうしが同位相のときに形成され，反結合性軌道はそれらが逆位相のときに形成される．これらの軌道上の電子の挙動は分子軌道論で説明でき，ここで少し触れる．

s 軌道と s 軌道もしくは p 軌道との重なりにより，σ 結合性と σ* 反結合性分子軌道が形成される．p 軌道がもう一つの p 軌道と重なれば，次の二つのタイプの結合が形成される．p 軌道の「正面」からの重なりによって σ 結合性および σ* 反結合性分子軌道が，一方で「側面」からの重なりからは π 結合性および π* 反結合性分子軌道が形成される．この π 結合は（σ 結合より）弱い．軌道の重なりがあまり大きくないからである．図 1.1 には分子軌道図の一例を示した．ここには二つの 2p 軌道の「正面」からの重なりで σ 結合性軌道と σ* 反結合性軌道が形成されていることが示されている．1 対の電子（電子対）が σ 結合性軌道上に入り，σ 結合が形成される．この分子軌道図では，電子が存在する最も高いエネルギーの軌道である最高被占分子軌道（HOMO）がみてとれる．一方，電子が存在しない最も低いエネルギーの軌道は，最低空分子軌道（LUMO）とよばれる．

軌道が同位相にあるとか逆位相にあるということは，軌道の波としての性質が互いに高めあう重なりであるか，もしくは打ち消しあう重なりであるかを意味している．

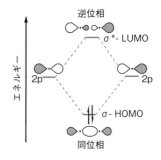

図 1.1　二つの 2p 軌道の重なりで σ 結合が形成されていることを示す分子軌道図．軌道の形も示してある．

結合次数

σ 結合性もしくは π 結合性分子軌道のどちらかが電子対を含めば，一つの結合が形成される．電子対が反結合性分子軌道に加えられれば，その結合性分子軌道は切れる．二つの原子に共有された結合の数，すなわち「結合次数」は，式（1.1）を用いて計算できる．

$$結合次数 = \frac{結合性電子 - 反結合性電子}{2} \tag{1.1}$$

「結合性電子」と「反結合性電子」は結合性軌道と反結合性軌道上のそれぞれの電子の数を示している．この値は常にゼロか整数でなければならず，計算結果が負であればどこかが間違っている．図 1.1 でさらに電子対を加えると，LUMO-σ* 反結合性軌道を埋めなければならない（図 1.2）．これでは σ 結合が「切れて」結合次数がゼロに減ってしまう．本書の後半で反応機構について触れるときに，このことが非常に重要になる．

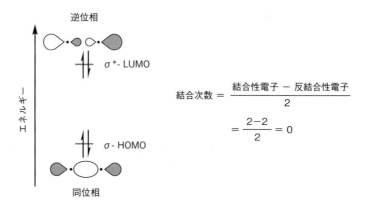

$$結合次数 = \frac{結合性電子 - 反結合性電子}{2}$$

$$= \frac{2-2}{2} = 0$$

図 1.2　1 対の電子を σ^* 反結合性分子軌道に加えると，結合次数はゼロになり，σ 結合が切れる.

例題 1.3A

　H_2 を構成している原子の原子軌道からどのような分子軌道（あるとすれば）が形成されるか，分子軌道図に示し，結合次数を計算せよ.

解き方

　これは分子軌道図としては最も単純なものだが，それでも注意が必要である．まず，どの軌道に水素の価電子があるか，すなわち 1s 軌道がどれであるか確認せよ．次に分子軌道図を書いて，それぞれの水素原子の 1s 軌道のエネルギー準位を示す．これは各原子で同じである．次にこれらの軌道のそれぞれに電子を 1 個ずつ書き加えると，H 原子の電子配置が完成する.

➡️分子軌道図に電子を書き加えるときに覚えておくべき三つの重要な規則がある.
- 構成原理（Aufbau principle）では，最もエネルギーの低い軌道に電子を満たすことから始める.
- パウリの排他原理では，それぞれの軌道は逆向きのスピンの 2 個の電子だけを収容できる.
- フントの規則では，エネルギーの等しい（縮重している）軌道があるときは，電子対をつくるより優先的に，それぞれの軌道に 1 個ずつ加えられる.

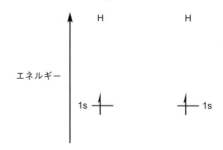

　図の中央に H_2 の分子軌道を書く．構成要素である 1s 軌道の組合せで σ 結合性軌道と σ^* 反結合性軌道という**二つ**の新たな分子軌道ができる．結合性軌道は反結合性軌道や 1s 軌道よりもエネルギーが低い．分子軌道図を完成させるために，H 原子軌道由来の電子でその分子軌道を下から順に埋める．これで σ 軌道が電子で満たされることがわかる.

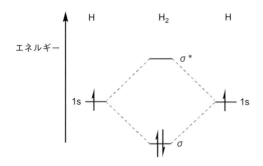

最後に，結合次数を計算するには，以前に示した式を使えばよい．この場合，図から結合性軌道に 2 個の電子があり，反結合性軌道には電子がないことがわかる．すなわち，

$$結合次数 = \frac{結合性軌道上の電子の数 - 反結合性軌道上の電子の数}{2}$$

$$= \frac{2-0}{2} = 1$$　　すなわち 1 本の新たな単結合が形成される

例題 1.3B

2s 軌道ともう一つの 2s 軌道との重なりから生じる分子軌道を書け．

解き方

s 軌道と s 軌道とが重なると，σ 結合が形成されることを前節で学んだ．これは 2s 軌道がもう一つの 2s 軌道と同位相で重なる場合も同様である．しかし，二つの新たな原子軌道があわさって，結果として二つの分子軌道が形成することをしっかりと覚えておかねばならない．形成したもう片方の軌道は，二つの 2s 軌道の逆位相の組合せで生じた σ* 反結合性軌道である．その様子が下の分子軌道図に描かれていて，結合性軌道と反結合性軌道のエネルギー準位をうまく表している．

2s-2s の重なり

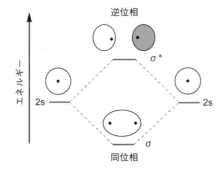

この場合，二つの 2s 軌道はエネルギーが等価であったが，二つの原子

➡なぜある軌道は網掛けしてあり，またある軌道は白抜きで書かれているのか，疑問に思うかもしれない．この網掛けは軌道の波動関数の符号の違いを示している．片方の符号が正で，もう片方が負である．波動関数の深い理解はまだ必要ないが，軌道どうしが同位相であることは「白抜き-白抜きもしくは 網掛け-網掛けの組み合わせ」，すなわち波動関数の符号が同じでなければならないことは知っておく必要があろう．

が異なるときは，いつもそうとはかぎらない．しかし，たとえ 2s 軌道がエネルギー的に等価でなくても，形成される結合性軌道は構成する原子軌道よりもエネルギーが低くなる．同様に，形成される反結合性軌道は二つの構成原子軌道のどちらよりもエネルギーが高くなる場合もある．

　今後，とくに指示がないかぎり，形成した分子軌道をエネルギー準位図なしで単純に表記する．後の章で使われる例はもっと複雑になるので，図を単純化するのに役立つ．こうすれば，分子軌道の同位相と逆位相の軌道の重なり（でできること）をより明確に示すことができる．

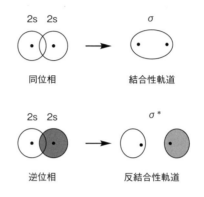

➡本書の分子軌道（MO）論に関する説明は，有機化学で必要な鍵となる概念に限定している．

> **❓ 問題 1.5**
>
> 　He_2 の原子軌道の重なりから，（あるとすれば）どのような分子軌道が形成されるのかを分子軌道図で示し，結合次数を計算せよ．

> **❓ 問題 1.6**
>
> 　次の分子軌道を書け．
> (a) 2p 軌道ともう一つの 2p 軌道との正面からの重なり．
> (b) 2p 軌道ともう一つの 2p 軌道との側面からの重なり．

1.4　軌道の混成

　原子軌道である s，p，d，f 軌道は原子の基底状態を記述するのに便利であるが，個々の原子軌道（AO）の重なりから分子の形状を説明することはなかなかできない．原子軌道から期待できる結合角における観測値とのずれを説明するために，Linus Pauling は軌道の混合もしくは混成の結果である「混成」軌道の考えを導入した．この混成の過程では原子軌道はあわさって，同じ数だけの混成軌道を形成し，それらの軌道は図 1.3 に示したようにエネルギーも等しく「縮重」している．これらの混成軌道はそれを形成しているそれぞれの原子軌道の性質をいくらか保持している．理論的にすべての元素は混成することができるが，有機

四つの混成状態での炭素の第2殻軌道

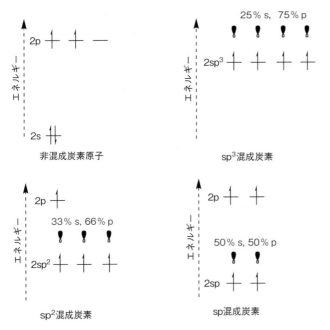

図1.3　さまざまな混成状態の炭素のエネルギー準位と形状を示した分子軌道図．sとpの性質の割合が付記されている．

電子はフントの規則に従い，等価なエネルギーの軌道上に均等に広がっていることに注意せよ．

化学，とくに入門コースでは，おもに炭素原子の混成を扱う．炭素原子の価電子は2s軌道と2p軌道にあり，これらの軌道は，原子の結合様式にしたがって混成して sp，sp^2，sp^3 混成軌道を形成する．一つの s 軌道と三つの p 軌道が混成すると sp^3 混成軌道ができ，sp^2 軌道は一つの s 軌道と二つの p 軌道から，sp 軌道は一つの s 軌道と一つの p 軌道からできる．これらの混成軌道は構成している軌道の性質をいくらか保持している．この混成過程の全体像を図1.3で示した．これらの混成軌道は s 軌道，p 軌道およびその他の混成軌道と正面から重なり，σ 軌道を形成する．

　分子中の炭素原子の混成状態は，その分子が電子で満たされた原子価殻をもち電荷をもたなければ（それが最も一般的である），容易に確認できる．

• 炭素原子が四つの σ（単）結合をもち，π（二重）結合をもたなければ sp^3 混成であり，四面体型である．たとえば，メタンの炭素原子がある．

➡これらの図で構成原子の原子
軌道が示されていることに注意せ
よ．分子全体を見ると，これらの
原子軌道は重なり，分子軌道（結
合）を形成していることがわかる．
この段階で分子を見れば，分子の
できあがった形を理解しやすい．

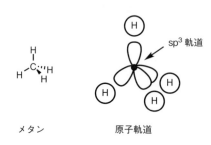

メタン　　　　　　　原子軌道

➡この場合，sp^2 軌道は p 軌道
に垂直になっている．すなわち p
軌道が垂直方向を向き，sp^2 軌道
がそれに 90° の角度をなす．

• 炭素原子が三つの σ 結合と一つの π 結合をもっていれば，それは sp^2
混成であり，平面三角形構造をとっている．たとえば，エテン（エチ
レン）の炭素原子がある．

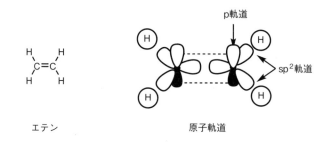

エテン　　　　　　　原子軌道

➡分子中で単結合は回転するこ
とができるが，π 結合の回転は起
こらないことに注意しよう．これ
は 2 章で説明する立体化学にお
いて非常に重要である．

• 炭素原子が二つの σ 結合と二つの π 結合をもっていれば，それは sp
混成であり，直線形構造をとっている．たとえば，エチン（アセチレ
ン）の炭素原子がある．

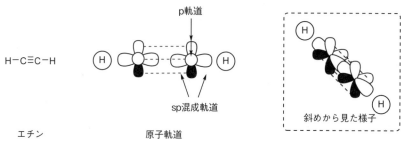

エチン　　　　　　　原子軌道

混成は酸素や窒素のような炭素以外の元素でも起こりうる．炭素と同
様に，その原子が二重結合や三重結合をもっていれば，それが sp^2 混成
や sp 混成を起こすかどうかを示すよい指標になる．炭素以外の原子は
空軌道や孤立電子対をもつ可能性がより高い．その場合，どの軌道上に
非結合性電子である孤立電子対があるかを決めなければならない．孤立
電子対が共役していなければ，混成軌道にある可能性が高い．共役した
孤立電子対は，共役 π 電子と軌道がなるべく重なるようにするために p
軌道中にある．たとえば，アミンの窒素原子は sp^3 混成であるが，一方
でアミド基の窒素原子は sp^2 混成である．

例題 1.4A

次の分子の炭素原子を sp 混成，sp^2 混成，sp^3 混成に分類せよ.

(S)-2-アミノ-4-ペンチン酸

解き方

(S)-2-アミノ-4-ペンチン酸は L-プロパルギルグリシンとしても知られ，カルボン酸から 1 〜 5 の番号づけされた五つの炭素原子をもつ.

分子の構造を見ると，これらの炭素原子は単結合だけのグループ，二重結合を含むグループ，三重結合を含むグループの三つに分けることができる. 2 位と 3 位の炭素は σ 結合だけをもっているので **sp^3 混成**（sp^3 hybridized）である. 1 位の炭素は二重結合を含み，一つの π 結合と一つの σ 結合とさらに二つの σ 結合からなるので，**sp^2 混成**（sp^2 hybridized）である. 最後に，4 位と 5 位の炭素は三重結合で互いに結合しており，どちらも二つの σ 結合と二つの π 結合をもち，**sp 混成**（sp hybridized）となる.

例題 1.4B

プロパジエン（訳者註：アレン）の炭素原子の混成状態はどのようになっているか. 原子軌道を書き，分子軌道（結合）を形成するための軌道の重なりを示せ.

$$H_2C=C=CH_2$$
プロパジエン

解き方

まず，炭素原子に存在する混成状態を確認しよう. 外側の二つの炭素原子はそれぞれ三つの σ 結合と一つの π 結合をもっている. したがって，それらは **sp^2 混成**である. 中央の炭素は少し変わったように見えるかもしれないが，そこにある分子軌道を考えることで正しい混成状態がわかるだろう. 二つの σ 結合と二つの π 結合をもつので，**sp 混成**である.

次の問いはプロパジエンの結合に含まれる原子軌道を書くことである. 先の混成状態の知見を使って，順に sp^2 混成と sp 混成をした炭素の特

徴的な形を書けばよい.

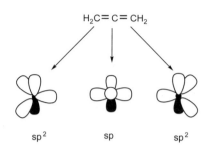

これらの原子軌道の向きをもう少し慎重に考える必要がある. π結合を形成するのに十分に軌道が重なるためには, p軌道を互いに整列させる必要がある. これを達成するには, 外側のsp²混成炭素原子の一つを回転させて, その p軌道が中央の sp混成炭素原子の p軌道の向きと一致するように, すなわち手前に面するようにする.

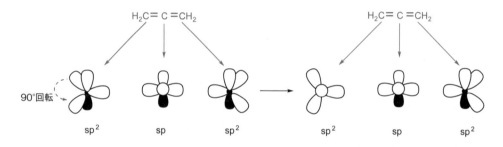

最後に, 軌道の重なり部分を示すために軌道どうしを近づけ, 外側の炭素原子に結合している二つの水素原子の軌道をそのなかに含めればよい. ここで破線は, p軌道がπ軌道を形成するためにどのように重なりあうかを示している.

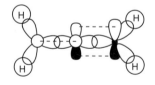

? 問題 1.7

次の分子のすべての炭素原子について, 混成状態（sp, sp², sp³）を示せ.

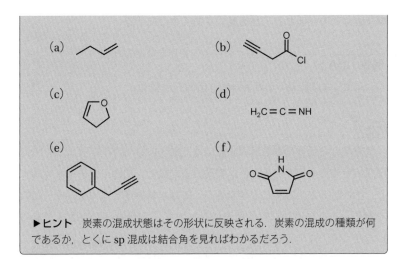

▶ヒント 炭素の混成状態はその形状に反映される．炭素の混成の種類が何であるか，とくに sp 混成は結合角を見ればわかるだろう．

❓ 問題 1.8

次の分子のすべての水素原子以外の原子について，混成状態（sp, sp^2, sp^3）を示せ．

(a)

(b)

(c)

(d)

▶ヒント π結合をもたない窒素原子と酸素原子は，π結合に隣接して（共役して）いたら sp^2 混成の可能性がある．飽和炭素原子では孤立電子対をもたないので，こういう状態は生じない．

1.5 二重結合等価体

　分子構造を分子式から決定しようとするとき，分子中の π 結合と環構造の数がわかると便利である．これを使えば，教科書のなかには「不飽和度」ともよんでいる二重結合等価体（double bond equivalents；DBE）の数が計算できる．この計算式は式（1.2）で示される．

$$二重結合等価体の数 = C - \frac{H}{2} + \frac{N}{2} + 1 \qquad (1.2)$$

　ここで，C = 炭素原子の数，H = 水素原子と**ハロゲン**原子の数，N = 窒素原子の数である．

　この式を使うときは二重結合等価体（DBE）の数がすべての π 結合を含むこと，すなわちアルケン，アルキンだけでなくカルボニル基やカル

➜ 式（1.2）を使った DBE の計算は，N(V)，P(V) や P(Ⅶ) のような高原子価状態の原子を含む分子式では正しくない．だからこの式がすべての分子に適用できるわけではなくても驚くことなかれ．

→ベンゼンの分子式はその構造が決定される前から長く知られていた．ケクレ構造に加えてアドルフ・クラウス（Adolf Claus）やジェームズ・デュワー（James Dewar）といった化学者たちによって提唱された構造が論争となっていた．今はベンゼンを書くときにはケクレ構造が用いられているが，電子の非局在化（芳香族性）のために，ケクレ構造ではすべての状態が表されない．これは後の章で触れる．

ケクレ　　デュワー　　クラウス

ボン酸なども含まれることを覚えておくようにする．

例題 1.5A

ベンゼン C_6H_6 の二重結合等価体の数を計算せよ．

解き方

二重結合等価体の数を計算するには，式（1.2）における C, H, N の項を特定する必要がある．C は炭素原子の数で，問題の分子式を見返すと，これが 6 とみなすことができる．H は水素原子とハロゲン原子の数である．ここにはハロゲン原子は存在せず，水素原子の数は 6 である．したがって，H の値もまた 6 である．ベンゼン中に窒素原子は存在しないので，N 項はゼロとみなせる．これらの値は式（1.2）に代入できる．

$$\text{二重結合等価体の数} = C - \frac{H}{2} + \frac{N}{2} + 1$$
$$= 6 - \frac{6}{2} + \frac{0}{2} + 1$$
$$= 6 - 3 + 0 + 1$$
$$= \mathbf{4}$$

つまり，ベンゼンは二重結合等価体を四つもつことになる．ベンゼンをケクレ型の構造式を使って書くならば，この π 結合の数は 3 と数えられる．さらにベンゼンは環状でもあり，これは一つの二重結合等価体に相当する．これらの知見から，二重結合等価体の数は 4 と計算されたことが説明できる．

ベンゼン

例題 1.5B

カプサイシン（capsaicin）は唐辛子に含まれる天然の粘膜刺激物質であり，スパイシーな香りをもたらす．次の分子式を用いて二重結合等価体の数を計算し，その構造上の二重結合等価体を調べよ．

カプサイシン
（$C_{18}H_{27}NO_3$）

解き方

C，H，N の値を上の分子式から求めると，それぞれ 18，27，1 となる．これらの値を式（1.2）に代入すると次のようになる．

$$二重結合等価体の数 = C - \frac{H}{2} + \frac{N}{2} + 1$$
$$= 18 - \frac{27}{2} + \frac{1}{2} + 1$$
$$= 18 - 13.5 + 0.5 + 1$$
$$= \mathbf{6}$$

したがって，カプサイシンの二重結合等価体の数は 6 である．ここで，分子における二重結合等価体の数を調べる必要がある．二重結合等価体の数は π 結合の数と環状構造の数を足したものに等しい．カプサイシンをみると，五つの π 結合，つまり四つのアルケニル基と一つのカルボニル基がみてとれる．また，分子の右側には六員環も一つある．これで二重結合等価体の数が 6 であると説明できる．

❓ 問題 1.9

次の分子式から二重結合等価体の数を計算せよ．

(a) C_4H_8O　　(b) $C_6H_{12}O_6$　　(c) C_4H_7NO　　(d) $C_6H_4Cl_2$

(e) $C_{20}H_{12}O_5$〔フルオレセイン（fluorescein，蛍光染料）〕

(f) $C_5H_{13}ClN_2O$　　(g) $C_2HF_3O_2$

(h) $C_{20}H_{14}N_4$（ポルフィン，多くのタンパク質中にある金属結合配位子）

▶ヒント　二重結合等価体式の H は水素と**ハロゲン原子**を数えることを忘れるな．

❓ 問題 1.10

塩化トシル（Tosyl chloride）はアミンやアルコールにトシル保護基をつけるのによく使われる．単純に数えると，二重結合等価体の数は 6 に見える．

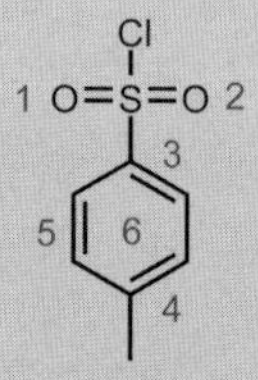

Cl
|
1 O=S=O 2
|
3
5 6
4

塩化トシル
($C_7H_7ClO_2S$)

しかし，式（1.2）を使うと DBE の数は 4 のようである．

塩化トシルの $DBE = 7 - \dfrac{8}{2} + \dfrac{0}{2} + 1 = 7 - 4 + 0 + 1 = 4$

どちらが正しいか，そしてその理由は何か？

1.6 極 性

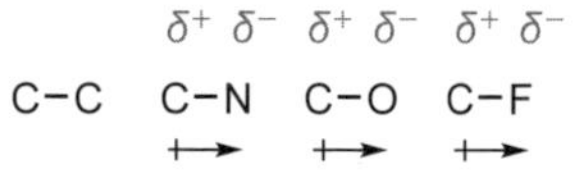

$\delta^+ \ \delta^-$ $\delta^+ \ \delta^-$ $\delta^+ \ \delta^-$
C–C C–N C–O C–F
⟶ ⟶ ⟶

図 1.4 炭素（χ：2.5）と窒素（χ：3.0），酸素（χ：3.5），フッ素（χ：4.0）とのあいだの極性結合．C–C 結合は炭素原子の電気陰性度が等しいので非極性である．

➡ ここで用いる矢印表記法は最もよく使われている．しかし，非交差矢印が極性を示すために使われているのも見ることがある．これは実際，IUPAC が化学者に推奨している方法である．しかし，いまのところ，あまり採用されていない．

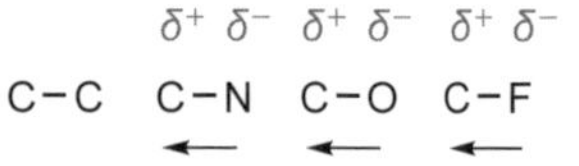

$\delta^+ \ \delta^-$ $\delta^+ \ \delta^-$ $\delta^+ \ \delta^-$
C–C C–N C–O C–F
⟵ ⟵ ⟵

異なる二つの元素間の結合では，電子は必ずしもそれぞれの原子に等しく引き寄せられているわけではない．元素の電気陰性度（χ）に依存して，電子はどちらかの元素に引き寄せられる．より電気陰性度の大きい元素ほど，電気陰性度が小さい元素よりも結合電子を引き寄せられる．その結果，結合の末端でわずかに負電荷（δ^-）になり，もう片方の末端ではわずかに正電荷（δ^+）を帯びる．これが極性を生みだし，δ^+ 末端から δ^- 末端までを示す交差矢印によって示される（図1.4）．電気陰性度は電気陰性度表でわかるが，一般に周期表で周期が下に行く（大きくなる）ほど電気陰性度は小さくなり，族が大きくなるほど電気陰性度は大きくなる．炭素（χ：2.5）よりも電気陰性度が小さい元素は電気的に陽性であることが多く，炭素に向かって電子を「押し出す」ように表記されることに注意せよ．

したがって，結合は極性をもつが，分子もまた，分子内の結合の極性とその空間配置に依存する分子全体の極性，もしくは**双極子モーメント**をもつ．たとえば，C–Cl 結合は分極しているので結果としてジクロロメタンは分子全体で極性をもつ．しかし四塩化炭素はその C–Cl 結合の配置のため分子極性をもたない（図1.5）．双極子モーメントには大きさと方向性があり，分子内の極性結合の配置によって決まる．原子上の孤立電子対も極性にかかわっている．

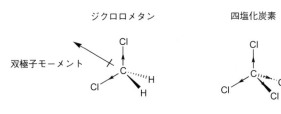

図1.5　極性結合は，ジクロロメタンのように分子全体に双極子モーメントをもつ要因となる．しかし，四塩化炭素のようにこれらの結合が互いに逆方向に向いていれば，互いに打ち消しあい，分子としては双極子モーメントをもたない．

例題 1.6A

　似たような構造にもかかわらず，二酸化炭素は双極子モーメントをもたないが，ホルムアルデヒドは高い双極子モーメントをもつ．この現象を説明せよ．

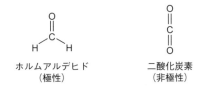

解き方

　分子全体の極性を理解するには，存在する結合の極性を見る必要がある．ホルムアルデヒドは C–H と C=O 結合をもつ．炭素と水素は同じような電気陰性度（χ：それぞれ 2.5 と 2.2）をもっているので，炭素-水素結合は極性をもっていないと考えられる．酸素の電気陰性度は炭素（χ：それぞれ 3.5 と 2.5）よりも大きいのでカルボニル基には極性があり，酸素は δ⁻ 電荷を帯びている．この結合の極性によりホルムアルデヒドは全体として双極子モーメントをもっている．二酸化炭素には二つの極性をもつカルボニル基がある．しかし，これらは互いに対称となるように反対側を向いている．このため，二酸化炭素は非極性である．

➡ ここでは C–H 結合には極性がないと述べたが，炭素と水素ではそれでもわずかに電気陰性度の違いがある．この C–H 結合のわずかな極性は気にする必要がないこともあるが，アルキル置換基では複数の C–H 結合を通して δ⁻ 電荷が炭素原子上に積みあがり，その電荷をより重要なものにしている．これは総じて，アルキル置換基が誘起的に電子供与性であることを意味する．

→ pK_a に関してさらなる情報は 3章3.4節を見よ.

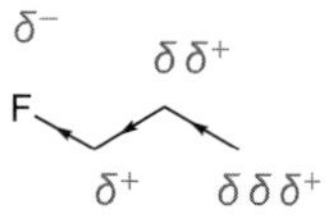

図1.6 電気的に陰性なフッ素原子は σ 結合を介して電子を引き寄せられる. これは誘起効果として知られている.

→ 電子の求引と供与は π 電子系を通じても生じ, メソメリー効果とよばれる. 詳しくは1.8節を見よ.

→ 電荷は共鳴によっても安定化されることは注意すべき重要な点である. この事項は1.8節で触れる.

誘起効果

結合の分極は, 原子の鎖に沿った波及効果, すなわち σ 結合を伝わって電子を引き寄せたり押しだしたりすることができる. この効果は極性結合から遠ざかるほど原子鎖に沿って減少していく. これを誘起効果 (inductive effect) という (図1.6). σ 結合を通じて電子を引き寄せる原子もしくは官能基を「電子求引性基」とよび「$-I$」と表記する. σ 結合を通じて電子を押しだす原子は「電子供与性基」もしくは「電子放出基」とよび「$+I$」と表記する. この誘起効果は有機酸の酸性度 (pK_a) を調節したり電荷を安定化したりする働きをもつ. これはとくにカルボカチオンを扱うときに重要で, $+I$ 基の存在で安定性が著しく改善される.

例題 1.6B

酢酸の pK_a は 4.75 で, pK_a が 2.85 の 2-クロロ酢酸のほうがより酸性である. この酸性度の違いを説明せよ.
では, 2,2-ジクロロ酢酸の pK_a は, これらより大きいか小さいか?

酢酸
pK_a: 4.75

2-クロロ酢酸
pK_a: 2.85

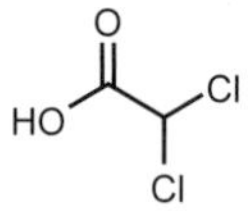

2,2-ジクロロ酢酸
pK_a: ?

解き方

この問いに答えるには有機酸の pK_a に影響する因子を知る必要がある. 共役塩基 (脱プロトン化後の分子) が安定であればあるほど, プロトンを解離しやすくなり pK_a はより小さくなる. 上記のような荷電をもたない分子では, その共役塩基の電荷を安定化する能力によってその安定性が決まる. したがって, 酢酸の共役塩基を 2-クロロ酢酸の共役塩基と比較するとき, どの因子が酸素原子上の負電荷の安定性に影響を与えるかを考える必要がある. 2-クロロ酢酸は α 位に塩素原子をもつ. 塩素は炭素よりも電気的に陰性であり, したがって σ 結合を通じて塩素原子自身に向けて電子を引き寄せる. 誘起効果は酸素原子にまで続き, その酸素原子上の負電荷を減少させる. この安定化は, 酸性度の上昇とそれに伴う pK_a 減少の原因となる. 酢酸上のメチル基は実際, $+I$ 置換基として働き, 酢酸の共役塩基の電荷を不安定化することに注意すべきである.

酸	酢酸	2-クロロ酢酸

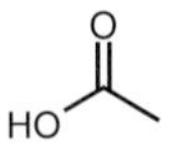

酢酸
pKₐ: 4.75

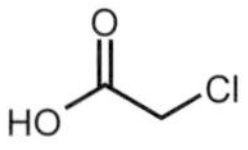

2-クロロ酢酸
pKₐ: 2.85

共役塩基　　　　　+I効果　　　　　　　−I効果

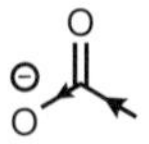

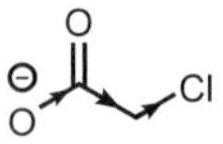

より不安定　　　　　　　　より安定

　さて，この問題の最初の部分で，誘起効果により酸性度が上がるとわかったので，2,2-ジクロロ酢酸の酸性度を予想してみよう．加えられた「−I」基の存在で誘起効果は強まっている．これは，加えられた塩素原子が，荷電した酸素原子から電子をさらに引き離すように働いていることを意味する．したがって，より酸性で，より小さなpK_aになる．これが，文献で2,2-ジクロロ酢酸のpK_aは1.35であると報告されている論拠である．

❓ 問題 1.11

　次の分子は極性か非極性か？

(a) CF_4

(b) HCN

(c) BCl_3

(d) $(CH_3)_2SO$

▶ヒント　これらの分子の形状を決めるために原子価殻電子対反発（VSEPR）則を再検討せよ．次に，分子の極性に影響を与える対称性の有無を決定せよ．

❓ 問題 1.12

　次の荷電分子のうち，どちらがより安定か？

(a)

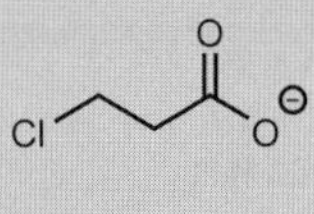

あるいは

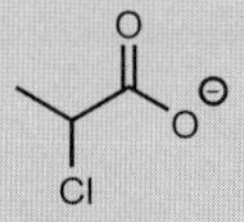

A　　　　　　　　　　B

(b)

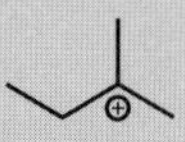

あるいは

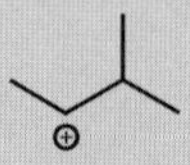

A　　　　　　　　　　B

(c)

あるいは

A   B

(d)

あるいは

A   B

1.7 芳香族性

p 軌道は側面で重なり, π 結合を形成することを 1.3 節で学んだ. 二つ以上の π 結合が有機分子中に互いに隣りあい, さらにその p 軌道が同一面にあれば, それらは共役しているという. この共役はまた, sp² 混成した酸素原子の孤立電子対のように, 隣接する p 軌道にある電子でもあてはまる. 共役系の電子はこの拡張した π 系で非局在化することができ, 共役系にさらなる安定化をもたらす.

π 系に非局在化した電子雲をもち, sp² 混成した原子が平面共役環に含まれる分子は芳香族とよばれる. 芳香族 π 系にある非局在化した π 電子は非芳香族系の π 電子のようにはふるまわず, 同様の化学反応は起こさない. 環が芳香族性であるためには, その環が平面性で, すべての p 軌道が平行になる sp² 混成原子を含まなければならず, さらに**ヒュッケル則**(Hückel's rule)を満たす. ヒュッケル則では, 芳香族性には平面共役環が 4n + 2 の π 電子を含む, としている. ここで n は, ゼロもしくは正の整数である(図 1.7). しかし注意すべき重要なことは, ヒュッケル則は複数の環を含む分子の芳香族性を推定するのに, 必ずしもいつも有効とはかぎらない点である.

➡反芳香族性の化合物を見かけることもあるだろう. この分子を非芳香族化合物と混同してはいけない. 反芳香族分子は 4n の π 電子を含む共役環をもつ. ここでの n はゼロでない正の整数である. この反芳香族性は不安定化をもたらし, 反応性の高い短寿命の分子によく現れる.

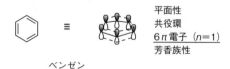

平面性
共役環
6 π 電子 (n=1)
芳香族性

ベンゼン

図 1.7 ヒュッケル則を用いて芳香族性を決定する. ベンゼンは平面性であり, 6 π 電子 (n = 1) を含む完全に共役した環をもつ.

例題 1.7A

ヒュッケル則を使って, フランが芳香族性で, シクロペンタジエンが芳香族性ではない理由を述べよ.

フラン　　　　　　　シクロペンタジエン

解き方

この問いに答えるためには，ヒュッケル則の鍵となる三つの要素，すなわち，分子が平面性である，環はすべて共役している，π 系は $4n + 2$ 個の電子をもつ，を正しく理解していることを確認する必要がある．フランとシクロペンタジエンの組成の唯一の違いは，酸素原子と炭素原子のどちらかが，それぞれ 1 位あるいは 5 位にあるということがみてとれる．フランの酸素原子は二つの孤立電子対をもち sp^2 混成状態にある．これは，一つの電子対が p 軌道にあり，二つの隣接する π 結合が同平面上にあり，すべて共役している環を形成していることを意味する．

シクロペンタジエンは，孤立電子対を含まない炭素原子が 5 位にあるため，環はすべて共役しているわけではない．さらにシクロペンタジエンの π 結合は 4 電子（$n = 0.5$：これは整数でない）しかもたないので，反芳香族である．

> この例は，ヘテロ原子の混成状態によって，化合物が芳香族性をもつように変わることを示している．たとえばアルコール中の酸素原子は sp^3 混成であるが，フランでは π 系になるために sp^2 混成をとっている．これはまた窒素や硫黄のような他のヘテロ原子でも起こりうることである．

平面性
共役環
6π 電子（$n=1$）
芳香族性

フラン

平面性
完全には共役していない
4π 電子
非芳香族性

シクロペンタジエン

例題 1.7B

シクロオクタテトラエン（cyclooctatetraene）は，一つの環に八つの sp^2 混成炭素原子があり，四つの π 結合をもつ．これは共役かつ環状だが，非芳香族性かつ非反芳香族性である．なぜシクロオクタテトラエンは非芳香族性なのか？　また，なぜ反芳香族性ではないのか？

シクロオクタテトラエン

解き方

シクロオクタテトラエンは一見して，芳香族のように見えるかもしれないが，そう決めるには，それがヒュッケル則に従っているかを確かめる必要がある．この分子中の四つの共役 π 結合は八つの π 電子を含んでいる．これをヒュッケル則に当てはめると $n = 1.5$ となり整数ではない．これはシクロオクタテトラエンが非芳香族性であることを意味する．

　しかしながらこの問いでは微妙な問題も抱えている．なぜシクロオクタテトラエンは反芳香族性ではないのか？　化合物が反結合性になるには，$4n$ 個の π 電子を含む平面共役環をもっていなければならない．シクロオクタテトラエンは環状で共役し，$4n$ 個の π 電子（$n = 2$）を含んでいる．しかしながらシクロオクタテトラエンは平面性でないため，反芳香族とはなりえない．シクロオクタテトラエンが平面配座をとらない理由は，その構成炭素原子がすべて sp^2 混成で理想的な結合角は 120° であるにもかかわらず，八角形内部の理想的な結合角が 135° だからである．環ひずみのために非平面の「バスタブ」型配座をとる分子となっているのである．

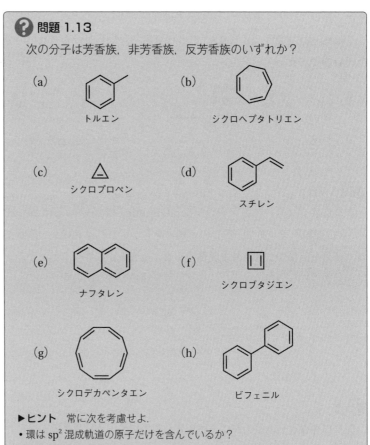

❓ 問題 1.13

次の分子は芳香族，非芳香族，反芳香族のいずれか？

(a) トルエン

(b) シクロヘプタトリエン

(c) シクロプロペン

(d) スチレン

(e) ナフタレン

(f) シクロブタジエン

(g) シクロデカペンタエン

(h) ビフェニル

▶ ヒント　常に次を考慮せよ．
・環は sp^2 混成軌道の原子だけを含んでいるか？
・環は平面であるか？
・その結果，単環系ならばこの環はヒュッケル則に従っているか？

▶ ヒント　二環系の場合，必ずしもヒュッケル則が適用されるとはかぎらない．これらの化合物の芳香族性を決定するためにそれぞれの環の立体配座と，環のなかの各原子の混成状態を考慮することが役立つだろう．

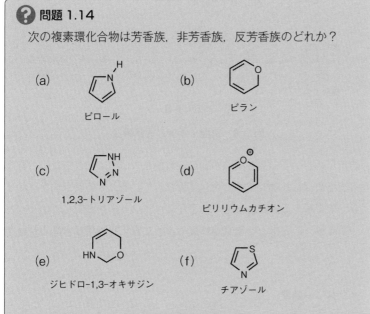

? 問題 1.14

次の複素環化合物は芳香族，非芳香族，反芳香族のどれか？

(a) ピロール

(b) ピラン

(c) 1,2,3-トリアゾール

(d) ピリリウムカチオン

(e) ジヒドロ-1,3-オキサジン

(f) チアゾール

▶ヒント これらの分子中のヘテロ原子の混成状態について考えよ．非局在化 π 系を形成するために必要な p 軌道をこれらは含んでいるか？

1.8 共 鳴

　芳香族性のように，電子がただ一つの軌道だけに局在せず，分子上の多くのいろいろな位置を占めることがある．これを**共鳴**（resonance）という．同じ化合物を異なるルイス構造で書くことでこれを可視化できるが，実際の電子配置はすべてのさまざまな型の平均である．この効果は分子全体に電荷を分散させ，その安定性を向上させるのに役立つ．たとえば，硫酸イオン（sulfate）（2⁻）はいくつかの共鳴構造をもち（図1.8），これがその安定化に寄与する．アニオンの安定性が共鳴によって向上したことは，硫酸の pK_a が小さい理由の一つである．曲がった矢印を使って電子の動きを示すことにより，さまざまな共鳴形を書くことができる．そして両矢印を使うことで，さまざまな共鳴形を関連づけることができる．一般に，ある分子の共鳴構造を書ける数が多いほど，その分子は安定だと考えられている．

→ ときに，分子の共鳴形があわさって「共鳴混成体」構造となっているのを見ることがあるだろう．これは共鳴している電子が分子全体に平均化されていることを破線で示している．たとえば，ギ酸アニオンの場合，次のとおりである．

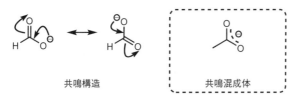

共鳴構造　　　　　　　　　共鳴混成体

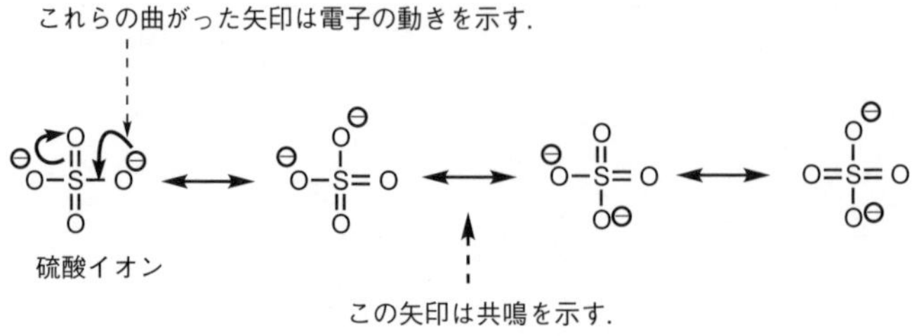

これらの曲がった矢印は電子の動きを示す.

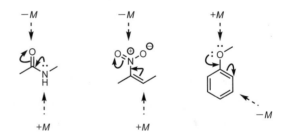

硫酸イオン

この矢印は共鳴を示す.

図1.8 硫酸イオンの共鳴構造

必ずしもすべての共鳴構造が同じ安定性をもつとはかぎらない. 安定な共鳴構造ほど共鳴混成体に大きく貢献している. その安定性を決めるときにまず考えることは, その分子がオクテット則を満たしているかどうかであり, そのあとで電気陰性度のような安定化効果を考慮すればよい.

メソメリー効果

分子内の π 結合や p 軌道を介した電子の共鳴もしくは非局在化は, 電子を供与したり求引したりする働きがあり, その結果は分子の安定性や反応性に影響を与える. これはメソメリー効果（もしくは共鳴効果）とよばれ, メソメリー効果によって電子を供与する基を +M と表記し, 電子を求引する基を −M と表記する（図1.9）. 実際の電子の分布は共鳴形の平均であり, この過程で永久分極が生じる. したがって, 通常中性分子では荷電されていない分子種を書くが, 荷電された共鳴構造が共鳴混成体に寄与し, それゆえ分極が生じる.

図1.9 −M および +M 官能基の例

例題 1.8A

m-クレゾールとしても知られる 3-メチルフェノールの可能なすべての共鳴構造を書け. また酸素の混成は何を意味するか？

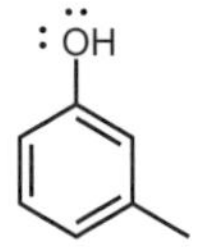

:OH

m-クレゾール

解き方

　理路整然と共鳴構造を書くにはいくつかの段階を踏めばよい．まず，両刃の曲がった矢印を使って電子対の動きを示そう．次に，もしさらに（通常 π 結合から）電子を動かす必要があるならオクテット則に従い，8 個より多くの電子をもつ原子がないように考える．最後に，その分子に電荷を割り当てる．フェノールの共鳴構造を書くにはまず，酸素原子から電子対を動かし，隣接する炭素原子と π 結合を形成する．そのままでは最外殻に 10 個の電子をもつ 5 配位炭素（決して書いてはいけない）ができてしまう．そこで，その炭素原子の片方の π 結合から，隣の C2 位の上に電子対を動かす．この過程で酸素原子は電子を 1 位の炭素と共有するため正電荷が残り，2 位の炭素はその前に共有していた π 結合から電子を「獲得した」ので負電荷をもつことになる．さらに二つの共鳴構造を書くには，この方法を芳香環のまわりで続ければよい．酸素上の孤立電子対が π 系と共役できるので，酸素原子は sp^2 混成となるはずである．

> ➡ フェノールのような芳香環は，共鳴を通じて電荷を安定化するのにとくに好都合である．これが，フェノールが酸性である理由の一つで，フェノラートアニオンは共鳴によって安定化されるので，O−H 結合は弱くなる．

例題 1.8B

　アセトンは pK_a が 19.2 であり，一方，アセチルアセトンの 3 位の水素原子の pK_a は 9.0 である．この酸性度の違いを説明せよ．

2-プロパノン（プロパン-2-オン）
「アセトン」
pK_a: 19.2

ペンタン-2,4-ジオン
「アセチルアセトン」
pK_a: 9.0

解き方

　有機分子の pK_a は，例題 1.6B で述べたように，共役塩基の安定性と相関している．アセトンとアセチルアセトンの共役塩基を書いて，どちらがより安定になるかを論理的に考えてみるとよい．

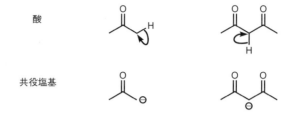

酸

共役塩基

　1.6節と1.8節で，安定化はおもに誘起効果と共鳴による寄与であることを学んだ．例題1.6Bのように，カルボニル基の酸素原子が電子求引性であるため，誘起効果による寄与の可能性が高いようである．しかし，共鳴効果はおおむね誘起効果よりも安定化するので，これも考慮しなければならない．まず，アセトンとアセチルアセトンの可能なすべての共鳴構造を書きだそう．アセトンでは二つの共鳴構造が，アセチルアセトンでは三つの共鳴構造が書ける．これはアセチルアセトンの共役塩基がアセトンのそれよりもより安定であることを意味する．したがって，アセチルアセトンの pK_a のほうが低い．また，電気陰性な原子上に負電荷をおく共鳴形はとくに安定であることに注意すべきである．

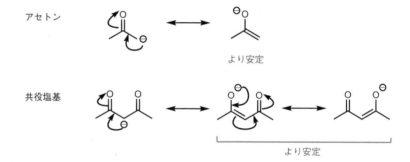

アセトン

より安定

共役塩基

より安定

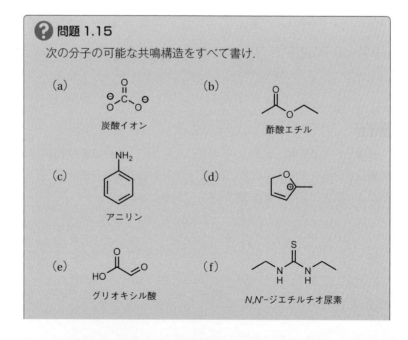

❓ 問題 1.15

次の分子の可能な共鳴構造をすべて書け．

(a) 炭酸イオン

(b) 酢酸エチル

(c) アニリン

(d)

(e) グリオキシル酸

(f) *N,N'*-ジエチルチオ尿素

▶ヒント　非結合電子対を動かして新たな π 結合をつくることから始めて，系統的に考えよう．次に，π 結合から新たな軌道に電子を動かし，5 価の炭素ができていないことを確認せよ．最後に，電子を動かしたことによって電荷を帯びた原子ができたかどうか考えよ．ルイス構造のように孤立電子対を点で表すと，これらを書く助けにもなる．

❓ 問題 1.16

次の分子で，最も安定な共鳴構造（「最も寄与の高い構造」）をそれぞれ記せ．選んだ理由も述べよ．

(a) i. ii.

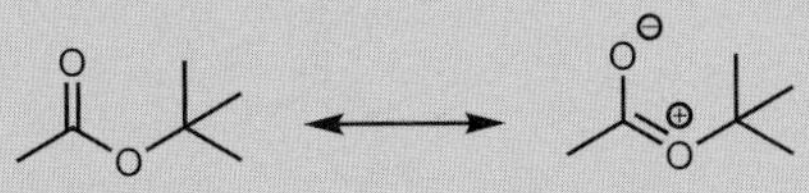

(b) i. ii.

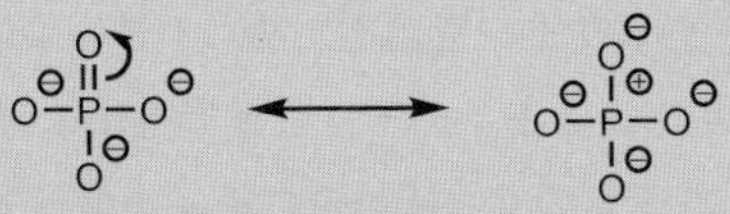

(c) i. ii.

(d) i. ii.

▶ヒント　まず，共鳴構造がオクテット則を満足するかどうかを考えよ．そしてそれがより電荷が少ない分子種であるかどうか，最後に，電荷をもつならば，そのイオンがどれだけ安定かを考えよ．

1.9　互変異性

互変異性とは，二重結合と水素原子（もしくはプロトン）が移動することによる二つの化合物の相互変換のことである．これは一見，共鳴が生じているように見えるが，実際には互変異性は構造異性体である二つの別べつの分子種のあいだの平衡で説明できる．結果として，pH のような因子を使って平衡を移動させることができる．互変異性の最も一般的な形はケト-エノール互変異性であり，これは α-水素原子をもつアルデヒドやケトンとエノールとの相互変換で説明される．この互変異性を加速させるために，酸や塩基触媒を使ってもよい．

例題 1.9A

ブタノンの互変異性を書け.

解き方

　まず，ブタノンの構造を書くには，化学命名法の知識に基づく必要がある. 接頭語 butan- は親炭化水素鎖が 4 炭素鎖であることを意味し，接尾語の -one はケトンを意味する. ブタノンをこの知識に基づいて書けば，次の構造となる.

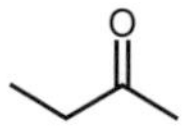

ブタノン

さてここで，どのような互変異性体が生成されるのか，考えよう. ブタノンは α-水素をもつケトンを含むため，エノールに変換できる. しかし，1 位も 3 位も α-水素があるので，互変異性により 2 種類のエノールが生成できる. それぞれの C−H 結合の電子を使ってケトンの炭素とのあいだで π 結合をつくってアルケンを形成し，酸素原子上にプロトンを移動させてアルコールを形成することにより，エノールを書くことができる.

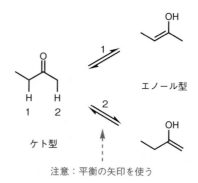

エノール型

ケト型

注意：平衡の矢印を使う

例題 1.9B

　塩基はアセトン（プロパノン）のエノール型への互変異性を触媒することができる. この変換の機構を記せ.

アセトン

解き方

　この問題は，本書で解く最初の反応機構の一つである. したがって注

意して取り組もう. まず, 塩基は電子対を C−H σ*反結合性軌道に供与することで α-水素を引き抜く. その結果, C−H σ 結合が切断され, 水素と塩基とのあいだに結合が形成される (1). C−H σ 結合の電子対は, C=O 結合の π*軌道に電子対を供与することで, ケトン炭素とのあいだで π 結合を形成する (2). すると, アルケニル基が形成される. カルボニルの π 結合は切断されたので, その電子対は酸素原子上に移り, 炭素はオクテット則を超えることはない (3). この変換を曲がった矢印で書くと, 次のようになる.

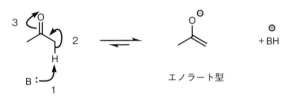

B=塩基

これでエノラートが生成した. エノラートは電子的にはエノールと同一であるが, エノールにするには水素 (プロトン) が足りない. 互変異性化のなかには, エノラートへ変換するだけというのもあるが, ここではエノールを書くことが求められているので, プロトン化された塩基や溶媒からプロトンが引き抜かれる条件であると想定する.

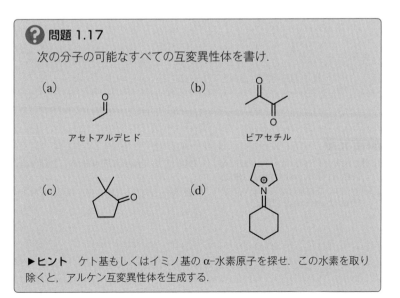

❓ 問題 1.17

次の分子の可能なすべての互変異性体を書け.

(a)

アセトアルデヒド

(b)

ビアセチル

(c)

(d)

▶ヒント　ケト基もしくはイミノ基の α-水素原子を探せ. この水素を取り除くと, アルケン互変異性体を生成する.

*訳者註：(d) は正確にはイミニウムである (=N⁺<).

？問題 1.18

酸触媒によるアセトンの互変異性化の機構を書け.

1.10　演習問題

？問題 1.19

　3,4,4,5-テトラメチルシクロヘキサ-2,5-ジエノンは，ペンギンに似ていることからその名前の慣用名をペンギノン（penguinone）という.
(a) ペンギノンの構造を書け.
(b) ペンギノンは芳香族か否かを決めよ.
(c) ペンギノンのすべての可能な共鳴構造を書け.

？問題 1.20

　マイケル付加反応（Michael addition）は求核剤と α,β-不飽和カルボニル化合物とのあいだの炭素−炭素結合形成に有用な方法である．マイケル付加反応の一例を下に示す.

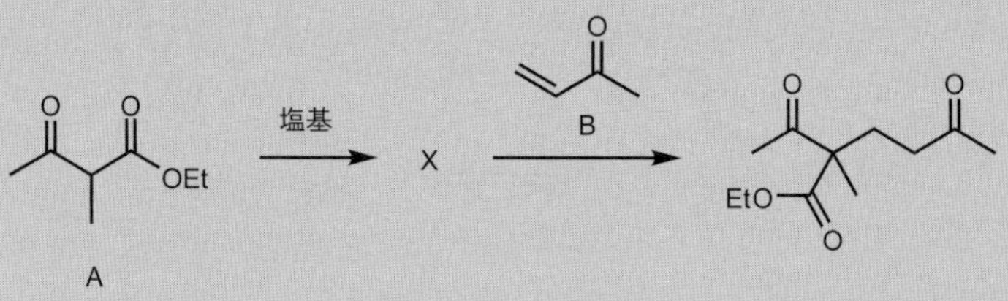

　化合物 'A' をまず塩基で処理して反応種 X を生成すれば，α,β-不飽和ケトン 'B' とマイケル反応を行うことができる．X の構造を書き，その共鳴形も書け.

参考文献

A. Burrows, J. Holman, A. Parsons, G. Pilling, G. Price, *Chemistry*[3], 2nd edn, Oxford University Press（2013）.

J. Clayden, N. Greeves, S. Warren, *Organic Chemistry*, 2nd edn, Oxford University Press（2012）.

2

異　性

2.1　異性とは何か

　異性とは，化学式が定まった一つの分子内の原子配置を組み換えるさまざまな方法をいう．この原子配置には，原子が異なる順序で結合する構造異性と，原子が空間上で異なる配置をしている立体異性という二つの型がある．さらに立体異性は立体配座異性と立体配置異性とに分けられる．二つの立体配座異性体どうしは単結合のまわりの回転で相互に変換できるが，立体配置異性体は結合を切断しないと相互変換できない．

2.2　構造異性

　同じ分子式だが異なる配列で原子が結合している二つの分子は，構造異性体とよばれる．たとえば，図 2.1 で示した構造の 1-ブタノール，2-メチル-1-プロパノール，2-メチル-2-プロパノール，1-メトキシプロパンを取りあげると，それぞれの分子中の炭素，水素，酸素原子の数を数えれば，同じ分子式 $C_4H_{10}O$ となる．しかし，これらの分子は同一ではなく，もっている官能基さえも異なることは明らかである．構造異性体には，炭素鎖の異なった繋がり（鎖状異性），炭素骨格上の同一の官能基の異なった配置（位置異性），あるいはまったく異なった官能基（官能基異性）がある．先に述べた 1-ブタノールの異性体間の関係を図 2.1 に示す．

➜ 立体配座異性は本書では扱わない．

➜ 二つの構造異性体は鎖状異性体，位置異性体，官能基異性体を組み合わせてもよいことに注意せよ．

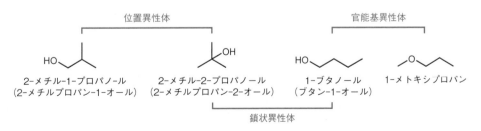

図 2.1　位置異性体，鎖状異性体，官能基異性体の関係

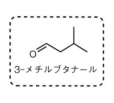

例題 2.1A

イソバレルアルデヒドとしても知られる 3-メチルブタナールは殺虫剤の製造によく使われる．次の化合物のうち，3-メチルブタナールの構造異性体はどれか．

3-メチルブタナール

OH
1-ペンテン-3-オール
（ペント-1-エン-3-オール）

HO
3-メチル-1-ブタノール
（3-メチルブタン-1-オール）

3-メチル-2-ブテナール
（3-メチルブト-2-エナール）

2-エトキシプロパン

ブタナール

2-メチルテトラヒドロフラン

解き方

まず，3-メチルブタナールにある炭素原子，酸素原子，水素原子の数を数える必要がある．含まれるすべての原子を書きながら分子を書き直すとよい．これで 3-メチルブタナールの分子式が $C_5H_{10}O$ と確認できる．

C : 5
H : 10
O : 1

分子式：$C_5H_{10}O$

➡ 二重結合等価体 ＝ C －（H/2）＋（N/2）＋ 1，ここで

C ＝ 炭素原子の数，
H ＝ 水素原子およびハロゲン原子の数，
N ＝ 窒素原子の数である．さらに補助が必要ならば 1 章 1.5 節を見よ．

この問題は，ただ単にイソバレルアルデヒドにある各原子の数を数えて，それぞれの分子式を比較すれば答えられる．しかし，最初に 3-メチルブタナールにある二重結合等価体の数を確認すれば，構造異性体をもっと手早く確認できる．3-メチルブタナールはアルデヒド基上に二重結合を一つ含むので，3-メチルブタナールの構造異性体は一つの二重結合等価体をもつことになる．六つのうち三つの分子だけが一つの二重結合等価体を含む．すなわち，1-ペンテン-3-オール，ブタナールと 2-メチルテトラヒドロフランである．

次にその構造異性体が正しいか確認するには，炭素とヘテロ原子の数を数えるとよい．ブタナールは四つの炭素原子しかないので除外でき，1-ペンテン-3-オールと 2-メチルテトラヒドロフランが 3-メチルブタナールの構造異性体として残る．

例題 2.1B

化合物 A ～ F のうち，どの化合物の組合せが異性体の関係であるか，そして，その組合せが鎖状異性体，位置異性体，もしくは官能基異性体であるかを決めよ．

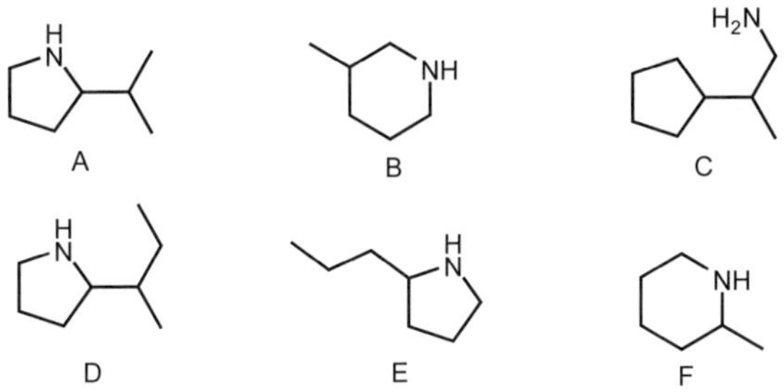

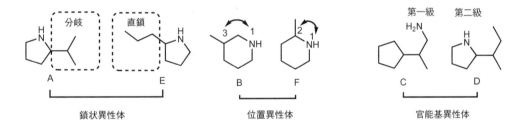

解き方

　最初に，それぞれの分子の炭素原子，水素原子，窒素原子の数を数えて，化合物 **A**〜**F** の分子式を決める．同一の分子式をもつ化合物どうしを異性体とする．これで構造異性体の組合せを決めることができる．**A** と **E**（$C_7H_{15}N$），**B** と **F**（$C_6H_{13}N$），そして，**C** と **D**（$C_8H_{17}N$）である．

　ここで，異性体の組を比較すれば，その異性体の種類がわかる．**A** は枝分れした炭素鎖を含み，一方，**E** は直鎖炭素の側鎖をもつので**鎖状異性体**（chain isomers）である．**B** はピペリジン環の 3 位にメチル基をもち，**F** は 2 位で結合している．これらの基の位置の違いから，二つの分子は**位置異性体**（positional isomers）となる．最後に，**C** は第一級アミンを含み，**D** は窒素原子を含む第二級アミンである．したがってこれら二つの分子は**官能基異性体**（functional group isomers）である．

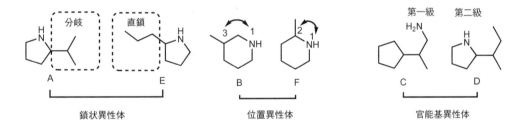

❓ 問題 2.1

　1-クロロペンタン（$C_5H_{11}Cl$）の七つの可能な構造異性体をすべて書き，命名せよ．

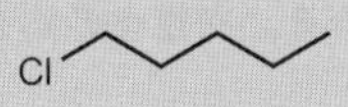

1-クロロペンタン

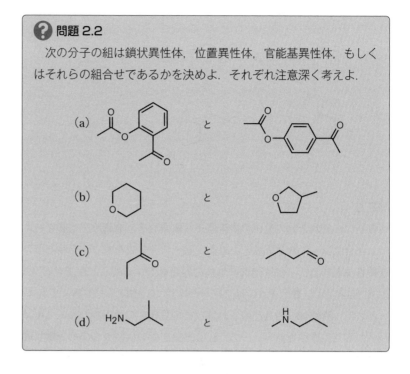

問題 2.2

　次の分子の組は鎖状異性体，位置異性体，官能基異性体，もしくはそれらの組合せであるかを決めよ．それぞれ注意深く考えよ.

(a)　　　と

(b)　　　と

(c)　　　と

(d)　　　と

2.3　配置異性

　配置異性は立体異性の一種なので，分子式や**原子の配列**は同じだが，原子の空間配置が異なる．配置異性体は化学結合を少なくとも一つ切断しないかぎり，相互変換することはできない．配置異性は図 2.2 に示したように，さらにシス–トランス異性（*E/Z* 異性）と光学異性（キラリティー）に細分化される.

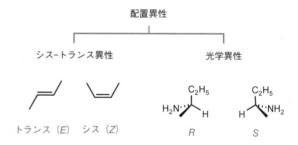

図 2.2　「立体配置異性」という言葉はシス–トランス異性と光学異性の双方を含める．異性化の例を示す.

異性体の立体配置を帰属する：カーン・インゴールド・プレログ則

　異性体の立体配置を帰属するために，まず，**カーン・インゴールド・プレログ**（Cahn-Ingold-Prelog；**CIP**）則にしたがって，基に優先順位をつける必要がある．しっかりとこれに慣れれば，この問題を素早く答

えられるようになる．CIP則によって，立体中心のまわりの基それぞれ
に，相対的位置関係を示す番号（優先順位）を割り振ると立体化学配置
が帰属できる．端的にいえば，CIP則を次の①〜③ように適用する．

① 立体中心に最も近接した原子の原子番号が優先順位を決定する．
　最も大きな原子番号の原子が最も優先順位が高くなる，など．

例

CIP則による優先順位： R−SH ＞ R−OH ＞ R−NH$_2$ ＞ R−CH$_3$ ＞ R−H

最初に結合した原子の原子番号： 16 (S)　　 8 (O)　　 7 (N)　　 6 (C)　　 1 (H)

② 原子番号が同じであれば，次に立体中心から離れた原子の原子番
　号の比較を試みる．違いが見られなければ，違いが見つかるまで立
　体中心から離れた位置に移る作業を続ける．

例

CIP則による優先順位： R⌒OH ＞ R⌒ ＞ R⌒ ＞ R−CH$_3$

③ 置換基が二重結合や三重結合を含む場合，その原子はそれぞれ二
　つもしくは三つ結合しているとして扱う．たとえば，C(H)＝CH$_3$
　はCH$_2$CH$_3$よりも優先する．

例

CIP則による優先順位： R≡ ＞ R⌒ ＞ R⌒

さらに　　　　　： (R−CO−OH) ＞ (R−CHO) ＞ R−CH$_2$OH

> 同じ元素の二つの異なる同位
> 体（したがって同じ原子番号をも
> つ）に優先順位をつけるような稀
> な場合は，原子量が最も大きい原
> 子を優先する．たとえば，HとD
> は同じ原子番号をもつが，Dのほ
> うが原子量は大きい．したがって，
> この場合はDがHよりも優先す
> る．

2.4　シス–トランス異性

　シス–トランス異性は，分子内のある特定の位置で回転が制限される
ときに生じる．最も一般的なのは炭素–炭素二重結合によるものである．
図2.3に示したように，回転が制限されることで，二重結合の両端に位
置する基が，互いに隣接した位置にいるか（シス），もしくは互いに反
対側の位置にいるか（トランス）のどちらかとなる．2置換のアルケン
では，シス–トランス系は見ればすぐわかる．しかし，3置換，4置換
アルケンでは，アルケンの両端にある二つの置換基の相対的な優先度を
CIP則に基づいて帰属しなければならない．この方式を使うとき，異性
体はシスやトランスに代わってそれぞれ（Z）もしくは（E）という文字
を当てる．

　E/Z異性体を帰属するには二重結合の両側の最も優先度の高い基の相
対的位置関係を調べる．二重結合の両側の最優先の基が互いに同じ側な
らその異性体は（Z）であり，反対側なら（E）である．

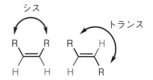

図2.3　一般的なアルケンの
シスとトランス異性体の例

> （Z）および（E）という表記
> はドイツ語のZusammen（Z）が
> 「一緒」，そしてEntgegen（E）
> が「反対」を意味するところから
> きている．

例題 2.2A

次の三つの分子がシス異性体かトランス異性体かを決めよ.

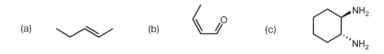

(a)　　　　　　　　　(b)　　　　　　　　　(c)

解き方

（a）二重結合の両側のエチル基とメチル基の相対的な位置を慎重に調べる必要がある．この二重結合のまわりの回転は起こらず，その構造からこれらの基が二重結合の反対側にあることがわかる．それゆえ，この分子は 3-ペンテンのトランス異性体である．

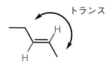

（b）まず立体異性が生じる場所（立体中心）を認識することがどのような立体異性の場合でも重要である．この例では二重結合が二つあるので，分子中に回転不可能な場所が 2 か所ある．カルボニル基（C=O）は酸素原子に結合している置換基がないのでシス–トランス異性体は生じない．しかし炭素–炭素二重結合に関しては二つの異なる置換基をそれぞれの炭素原子が結合しているので，シス–トランス異性体が生じる．この立体中心を帰属する．二重結合を見ると，片側にあるメチル基ともう片側のカルボニル基とが互いに隣りあっていることがわかる．それゆえに，これはシス異性体である．

（c）この問題では，環のまわりの回転が制限されたところから生じるシス–トランス異性を見分ける必要がある．しかし，どの異性体が存在するのか帰属するには二重結合と同じように考えればよい．シクロヘキサン環に結合した二つのアミノ基は片方が平面の「上」（くさび），もう片方が「下」（点線）で，環の反対側にそれぞれある．これはトランス異性体を意味する．

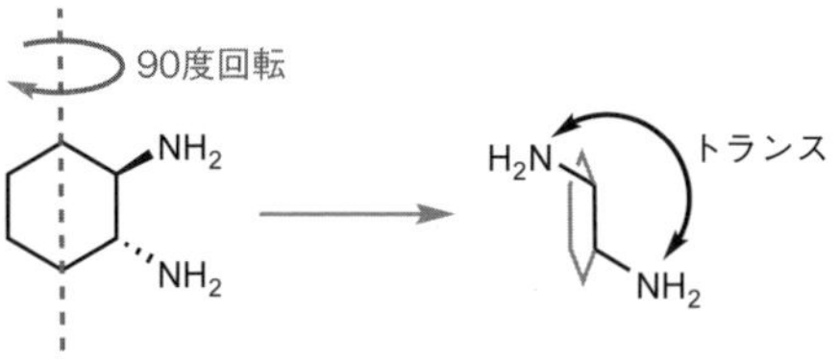

例題 2.2B

次の分子について，E 異性体か Z 異性体かを決めよ．

(a) 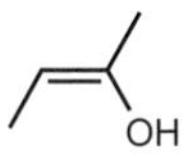   (b) 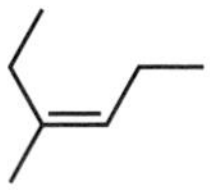   (c)

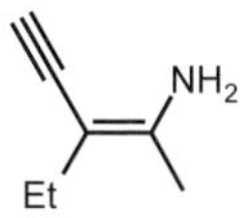

解き方

(a) この分子の左側の置換基に優先順位をつけるのは容易である．水素はどの元素よりも原子番号が小さい．したがって CIP 則に従えば，どの元素よりも優先順位は低くなる．この分子の右側はやや難しい．しかし，優先順位を決めるどのような問題でも，CIP 則を系統的に適用できれば，その帰属は単純である．ここでは，−OH と −CH₃ との優先順位を決める．酸素は原子番号が 8 で炭素の 6 に優先される．以上から，最も優先度の高い二つの基が互いに隣接することになるので，(Z) 異性体となる．

> ➡ この分子は，メチル基どうしが反対側にあるので，一見するとトランス（E）のように見えたかもしれない．しかし立体化学は，類似性ではなく，CIP 則を用いた基の優先性に基づいて帰属されることに注意するように．

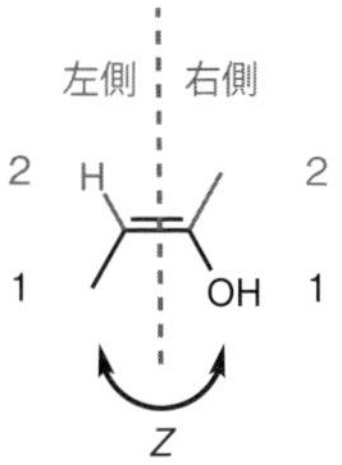

(b) この分子の左側の帰属には，先に概略を述べた CIP 則の 2 番目の規則を使う必要がある．立体中心から離れていくと，最初に出会う原子はどちらも炭素である．優先順位をつけるためには，結合に沿ってさらにたどっていく必要がある．置換基の一つは，三つの水素原子が結合した炭素原子をもつメチル基である．もう一つは，二つの水素原子と一つの炭素原子が結合した炭素原子をもつエチル基である．炭素は水素よりも原子番号が大きいので，エチル基が優先される．この分子の右側は単純に原子番号に基づいて優先順位をつける．エチル基の炭素原子は水素原子よりも優先される．優先度の高い基どうしは互いに隣接しているので，これは（Z）異性体となる．

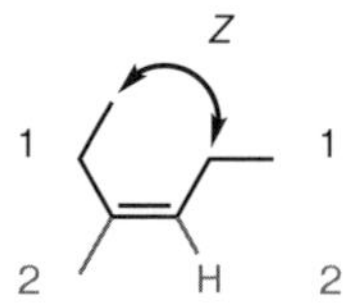

（c）この分子の左側に関しては，エチル基とエチニル基のどちらが優先かを決める必要がある．立体中心に最も近い炭素原子のどちらも，もう一つの炭素原子に結合しているが，エチニル基は炭素-炭素三重結合なので，CIP 則に従うと，あたかもこれが三つの炭素原子に結合しているかのように扱われる．右側のアミン基では窒素が炭素よりも原子番号が大きいので優先順位は高くなる．二つの最高優先順位基が互いに反対側なので，これは（E）異性体である．

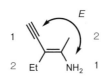

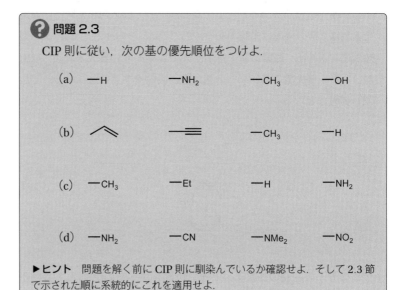

❓ 問題 2.3

CIP 則に従い，次の基の優先順位をつけよ．

(a) —H   —NH₂   —CH₃   —OH

(b)   —CH₃   —H

(c) —CH₃   —Et   —H   —NH₂

(d) —NH₂   —CN   —NMe₂   —NO₂

▶ヒント　問題を解く前に CIP 則に馴染んでいるか確認せよ．そして 2.3 節で示された順に系統的にこれを適用せよ．

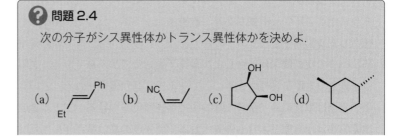

❓ 問題 2.4

次の分子がシス異性体かトランス異性体かを決めよ．

(a)   (b)   (c)   (d)

▶ヒント　二置換環状化合物の場合，二つの置換基の相対的位置関係は，異性体がシスであるか，トランスであるかに影響しない．（訳者註：1,3-二置換であっても）1,2-二置換系と同じように扱えばよい．

❓ 問題 2.5

　CIP 則を使って次の分子が（E）異性体であるか（Z）異性体であるかを帰属せよ．

(a)　　　(b) 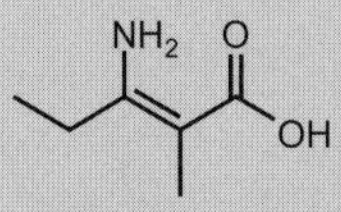　　　(c) 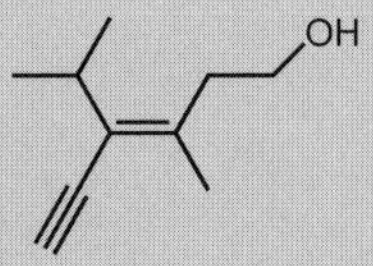　　　(d)

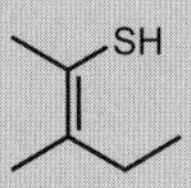

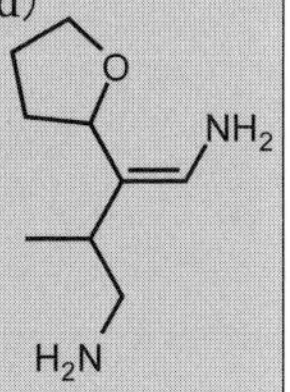

▶ヒント　二重結合から離れた最初の原子の優先順位を決められない場合は，優先性が決まるまで，2番目，3番目と追っていくこと．

2.5　光学異性（キラリティー）

　鏡像体が重ならない分子をキラルであるという．有機化学の世界では四つの**異なる**化学基に結合した炭素原子はキラルである場合がほとんどである．この型の異性は，平面偏光を回転させる能力があることから，しばしば光学異性とよばれる．図 2.4 はキラルな化合物 X とその鏡像体 Y を示している．Y を水平方向に 180 度回転させたら，もとの分子 X に重ねあわせられない構造になる．したがって X はキラルである．

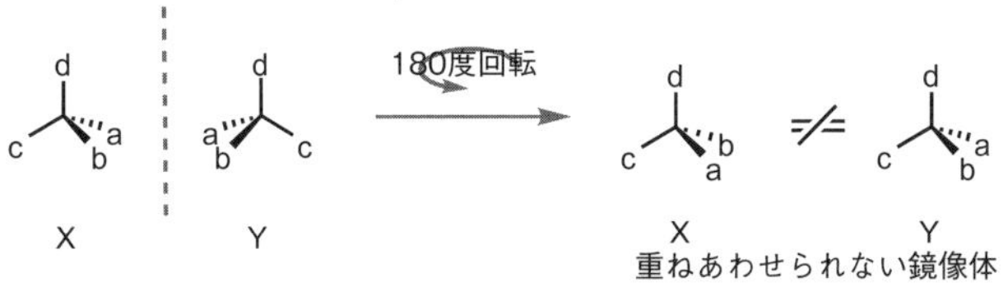

X　　　Y　　　180度回転　　　X　　≠　　Y
　　　　　　　　　　　　　　重ねあわせられない鏡像体

図 2.4　X は，その鏡像体がそれ自身と重ねあわせられないので，キラル分子である．

　一つの立体中心から発生する二つのキラルな立体異性体は（R）もしくは（S）で表記される．キラル分子を（R）もしくは（S）と帰属するために，まず CIP 則に従って立体中心のまわりの置換基の優先順位をつけなければならない．そして，その分子の最も優先順位の低い置換基（一般的には水素）が見る側から遠ざけるように回転させる．ここで，置換基の優先順位が分子の周囲で時計回りに下がっていけば，その異性体は（R）であり，反時計回りであればそれは（S）となる．

🔸光学異性体が（＋）-と（−）-もしくは d-と l-と表記されているのを見たことがあるだろう．これらの接頭語は平面偏光が回転した方向に関係していて，本書では扱わない．D-や L-の表記も目にするだろう．これはキラリティーを帰属するやや複雑な方法（通常アミノ酸）で，CORN 則とよばれる別の法則に基づいている．

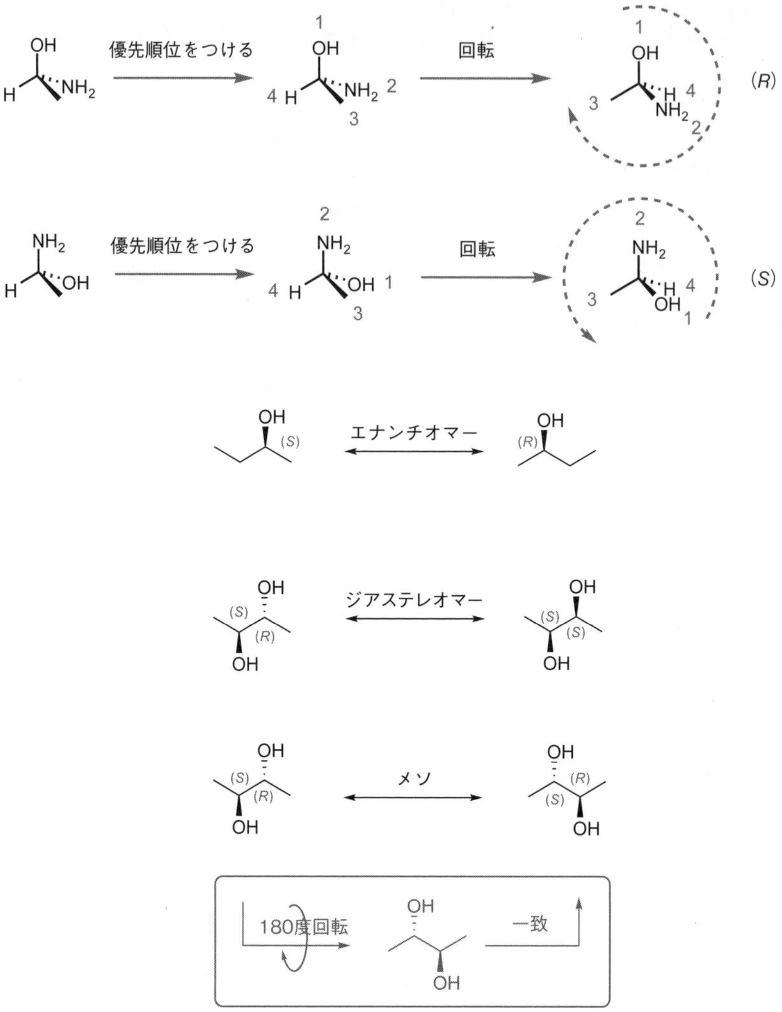

図2.5　エナンチオマー，ジアステレオマー，メソ化合物間の関係

→キラル分子のすべての立体中心を反転させると，その化合物がメソでなければ，エナンチオマーが得られることに注意せよ．それとは対象的に，立体中心のすべてではなく部分的に反転させると，ジアステレオマーとなる．

　キラル分子にはまた，それ自身と重ねあわせられない鏡像体であるエナンチオマーも存在する．しかし，キラル分子が，キラリティーをもたらす立体中心を複数個含む場合，鏡像体とは異なった $(R)/(S)$ 配置をもつ立体異性体が関係してくる．これらの化合物はジアステレオマー（もしくはジアステレオ異性体）といわれる．ある特定の場合，ジアステレオマーはそれ自身の鏡像異性と重ねあわせられ，それゆえキラルではない立体配置をもつこともある．これは，メソ化合物とよばれる．キラル異性体間の関係を図2.5で示す．

例題2.3A

　次のキラル分子は (R) 体かもしくは (S) 体か，どちらのエナンチオマーであるかを帰属せよ．

(a) 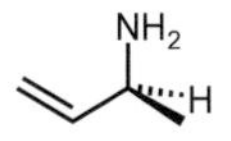 〔構造式〕　(b) 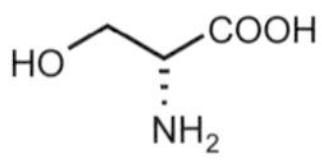 〔構造式〕　(c)  〔構造式〕

解き方

（a）この節の初めの説明文で使われたものと同じ論理に従えば，常に正しい答えにたどり着く．まず，CIP 則を使った置換基の優先順位を決める．ここではアミノ基が最も高い優先順位になり，エチニル基が2番目，メチル基が3番目，水素原子が4番目となる．CIP 則を使って優先順位を決める練習がもっと必要なら，2.4 節をもう一度見よ．最も優先順位の低い置換基，すなわち水素原子は，この図では紙面の反対側にあるので，分子を回転させる必要はない．ここで置換基は反時計回りに並んでいるので，この異性体は（S）体である．

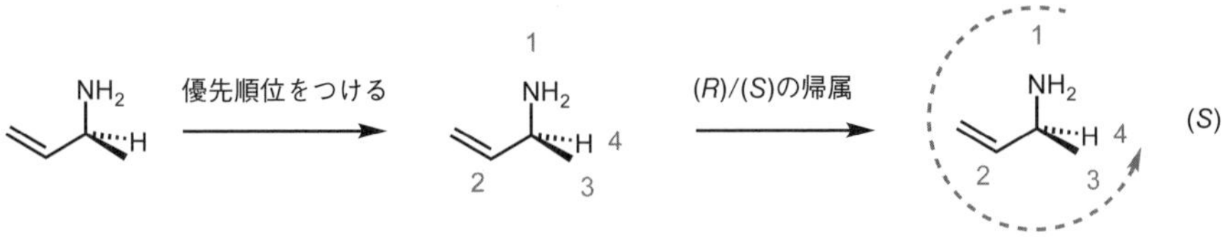

〔反応図〕　優先順位をつける　→　(R)/(S)の帰属　→　(S)

（b）この分子で水素原子は書かれていないが，実際には存在する．すべての原子を構造式に書きこめば，解答の助けになるだろう．CIP 則を用いて基の優先順位を決定すると，次の順になる．

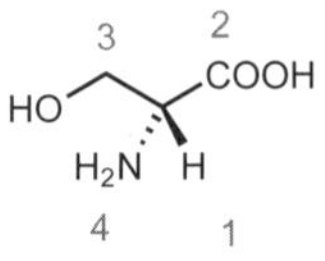

〔構造式〕

この立体異性体が R か S かを決める前に，最も優先順位の低い基（ここでは H）がわれわれから見て紙面の反対側にあるように回転させる必要がある．分子を図（訳者註参照）のように軸まわりに 180 度回転させれば，置換基は時計回りに並んでいるので，これが（R）エナンチオマーであるとわかり帰属できる．

†（訳者註）

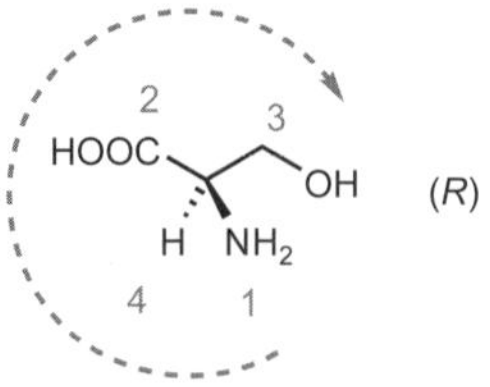

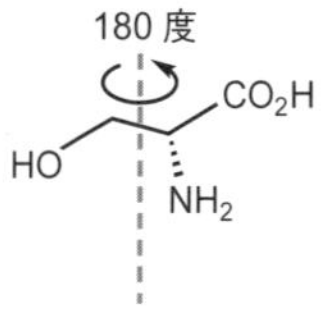

180 度

〔構造式〕　(R)

(c) この分子は，これまでに帰属してきたものとは少し違うように見えるが，それでもやはり分子にキラリティーを生じさせている立体中心がある．環構造ゆえ優先順位を決めるのは少し難しいが，CIP 則に従えば可能である．優先順位の決定は C＝C 二重結合の相対的位置関係を注意深く考えなければならない．この場合，水素は最も優先順位が低く，次いで環の左側そして右側，最後に C(＝CH$_2$)CH$_3$ 置換基と続く．最も優先順位の低い基が紙面手前側にあり，分子を図のように 180 度回転させる．優先順位は時計回りに低くなっていくので分子は (R) エナンチオマーとなる．

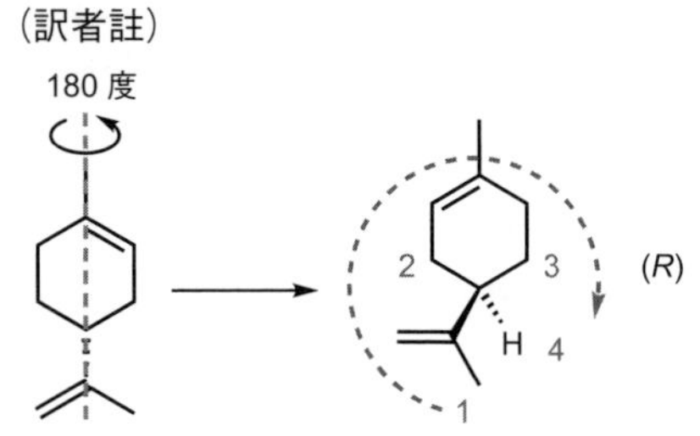

（訳者註）

例題 2.3B

次の立体異性体の組合せはエナンチオマーか，ジアステレオマーか，それともメソか？

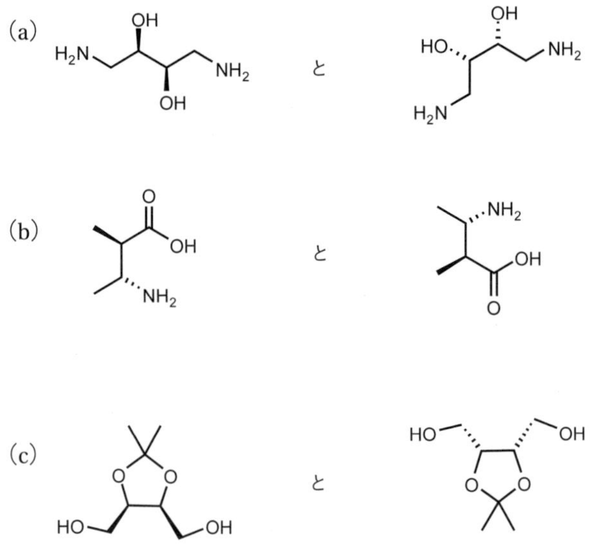

解き方

(a) このような問題の問き方には二通りある．互いに鏡像体であるかどうか見極めるために分子を書き直す方法と，立体配置を帰属してそれらの関係性を導きだす方法のどちらかである．右側の分子を，左側の

分子の鏡像となるような炭素骨格に書き直すと，これらの異性体どうしがキラル中心の不一致で鏡像関係になく，重なりあわないことがわかるだろう．これは，その分子どうしがジアステレオマーであることを意味している．

このように分子を再構成する方法は，とくに対象となる分子の複雑さが増すにつれ難しくなるかもしれない．これらの立体異性体の関係を解き明かすもう一つの方法は，まずそれぞれのキラル中心の立体配置を帰属することである．すべての立体中心が反転していれば，その異性体はエナンチオマーである．立体中心のうち，すべてではなく一部が反転していれば，それらはジアステレオマーである．この種の問題を解くのに，この方法はどんな場合でも優れた戦略となる．

まず，例題 2.6A で説明した CIP 則を使って，それぞれの異性体上の二つのキラル中心に対して立体配置を帰属する．そうすると，左側の異性体は (R,R)，右側の異性体は (S,R) と帰属できる．二つの立体中心のうち一つだけが反転しているので，これらはジアステレオマーである．

(b) 最初に，この問題で示されている二つの異性体の立体配置を帰属せよ．そうすると左側の分子は (R,R)，右側の分子は (S,S) となる．どちらの立体中心も反転しているので，これらはエナンチオマーである．さらに，右側の分子を反時計回りに 180 度回転させるだけで左側の化合物の鏡像体とは重ならないことがわかる．

(c) 繰り返すが，それぞれの立体中心の立体配置をまず帰属せよ．それぞれの立体中心の立体配置が，どちらの場合も (R,S) であり，変化していないことに注意せよ．したがって，この分子はメソ体である．分子を上下に 180 度回転させると，互いに重なりあう．

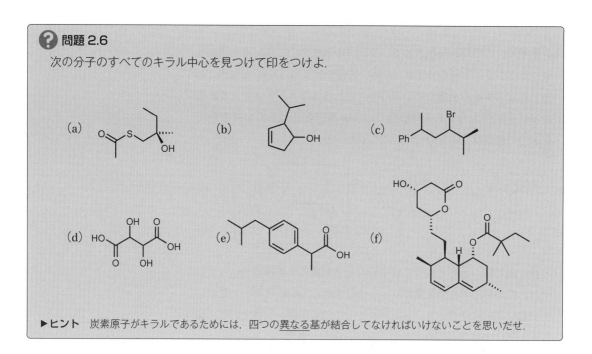

今後，問題を問くために，簡単なテクニックを使ってメソ化合物を特定するとよい．すなわち，すべてのメソ化合物は少なくとも一つの対称面を含んでいる（図 2.6）．この対称面とは，その分子を鏡像上に重ねあわせられる面のことである．炭素–炭素結合は立体効果がなければ回転できる．したがって，この対称性に気づくには，分子の向きを変える必要があることも覚えておこう．

エリスリトール

図 2.6　メソ化合物の対称性

? 問題 2.6

次の分子のすべてのキラル中心を見つけて印をつけよ．

(a)　(b)　(c)

(d)　(e)　(f)

▶ヒント　炭素原子がキラルであるためには，四つの異なる基が結合してなければいけないことを思いだせ．

問題 2.7

次の分子は（*R*）もしくは（*S*）異性体のどちらであるかを帰属せよ.

(a) 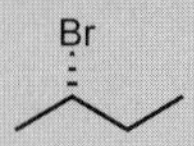　(b) 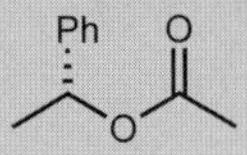　(c)

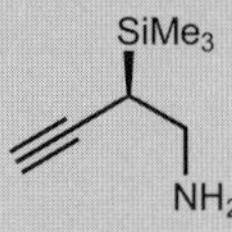

(d) 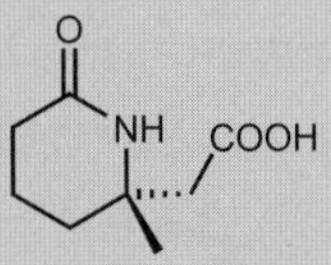　(e) 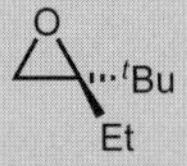　(f)

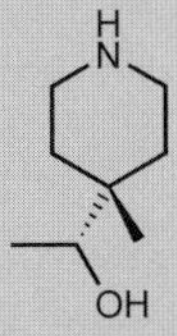

▶ヒント　最も優先順位の低い基が紙面の反対側になるように分子を回転させるのが難しいようならば，そのままにして，立体配置を帰属せよ. そして，最後に答えを逆にせよ〔すなわち，（*R*）は（*S*）に，（*S*）は（*R*）にする〕——そうすれば正しい異性体にたどり着くだろう！

問題 2.8

次の化合物の組合せはエナンチオマー，ジアステレオマー，メソ，それとも，どの立体異性体の関係にもないか，答えよ.

(a) 　と　(b) 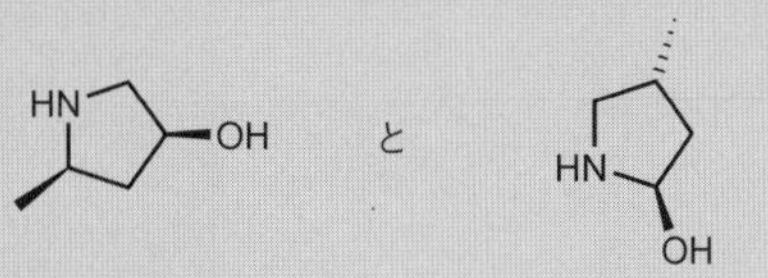　と

(c) 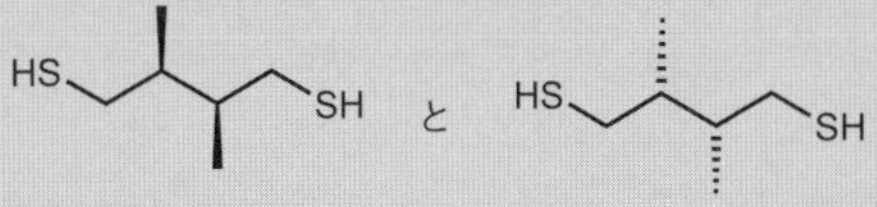　と　(d) 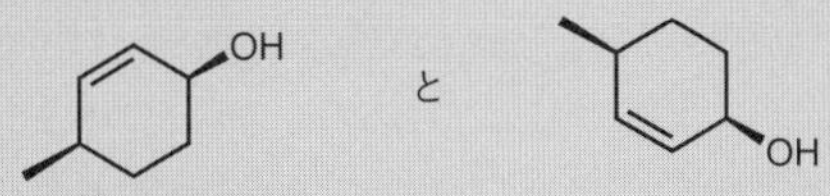　と

(e) 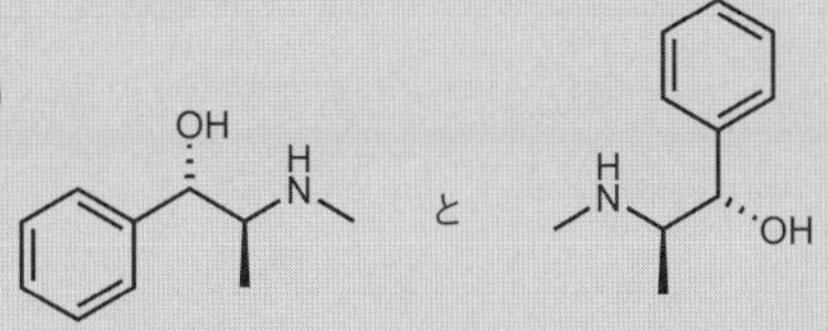　と　(f) 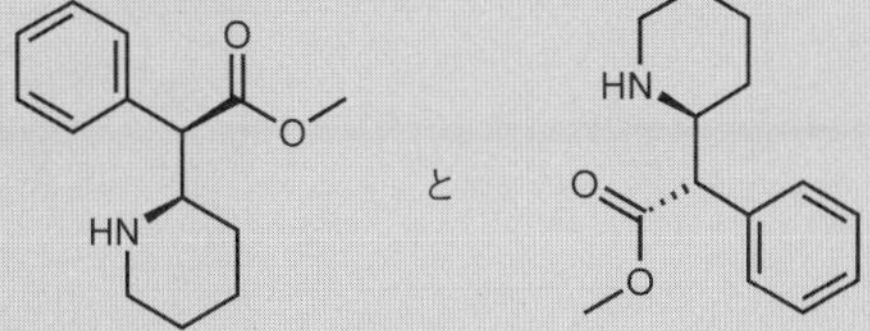　と

▶ヒント　これらの化合物を互いに鏡映するように回転させられるなら，答えにたどり着くはずである. あまり自信がないなら，キラル中心の立体配置を帰属すれば正解にたどり着く.

2.6 演習問題

> **? 問題 2.9**
>
> (a) 構造未知の無色液体がある．元素分析でこのサンプルの分子式が C_4H_9Br であることがわかった．この化合物を同定することが設問である．まず，このサンプルのすべての可能な構造異性体を書け．
>
> (b) このサンプルを旋光計で測ると，旋光度は $+4.5°$ であることがわかる．このサンプルをとりうる二つの化合物を書き，命名せよ．
>
> (c) この化合物を強塩基で処理すると，臭素原子を E2 脱離させることができる．この反応は三つの異なった水素原子が脱離可能で，三つの異なった生成物を与える可能性がある．これらの生成物を書き，命名せよ．
>
> ▶ヒント （a）では二重結合等価体の数を数えるとよい．（c）では，まだ脱離反応を学んでいなければ，この問題を解くのに難儀するかもしれない．まだならば気にしないこと！

> **? 問題 2.10**
>
> プソイドエフェドリン（Pseudoephedrine）は市販の鼻炎薬である．次のような d 体のプソイドエフェドリンの（＋）エナンチオマーのサンプルがある．このサンプルの光学活性を測定すると，（＋）-プソイドエフェドリンが $+52°$ の比旋光度を示すことがわかる．
>
>
> (a) （＋）-プソイドエフェドリンの二つの立体中心の立体配置を帰属せよ．
>
> (b) プソイドエフェドリンとは異なる未知の立体異性体（X）の比旋光度を測定すると $-52°$ である．X と（＋）-プソイドエフェドリンはどんな関係か？
>
> (c) X の構造式を書け．

参考文献

A. Burrows, J. Holman, A. Parsons, G. Pilling, G. Price, *Chemistry*[3], 2nd edn, Oxford University Press（2013）.

J. Clayden, N. Greeves, S. Warren, *Organic Chemistry*, 2nd edn, Oxford University Press（2012）.

3

求核置換反応

3.1 求電子剤と求核剤

求電子剤とは？

求電子剤とは，電子を受容できる空軌道（もしくはエネルギー的に近い反結合性軌道）をもつ中性もしくは正に荷電した化学種である．$AlCl_3$ や BCl_3 のようなルイス酸は電子対を受容できる空軌道をもつので，求電子剤とみなせる．

求核剤とは？

求核剤は，新たな化学結合を形成するのに使える電子対をもっている．求核剤は電子供与剤として機能する．反応機構を書くときは，必ず求核剤から求電子剤に流れる電子を書く．

➲ ルイス酸とルイス塩基にかかわるさらなる情報は 3 章 3.2 節を見よ．

➲ 曲がった矢印は電子の流れを示す．

➲ 供与される電子は孤立電子対の形か形式負電荷の形で示すことができる．

例題 3.1A

次の反応で，どちらの分子が求電子剤で，どちらの分子が求核剤か？

解き方

水分子は供与できる二つの孤立電子対をもっている．三塩化ホウ素は分子の面に垂直な空の p 軌道をもち，電子を受け入れることができる．生成物を見てみると，酸素は正電荷を帯びているので，酸素は電子対を供与したはずである．対照的に，ホウ素は負電荷を帯びているので電子対を受け入れたはずである．この場合，水が電子対を供与したので求核剤であり，ホウ素が電子対を受け入れたので求電子剤である．

矢印は電子の動きを示す
空の p 軌道
求核剤
求電子剤
O 上の孤立電子対が
供与されて
新たな結合が形成された

例題 3.1B

次の反応で，どちらの分子が求電子剤でどちらの分子が求核剤か？

NaBr +

解き方

反応を注意深く見ると，トシル基と臭素（Br）が反応剤と生成物とで位置が入れ替わっている．したがって，これは臭素が自分の電子を使ってトシル基と置換し，炭素と臭素のあいだで新たな結合を形成していると考えられる．

また，臭化ナトリウム（NaBr）はイオン性固体なのでナトリウムイオン（Na^+）と臭化物イオン（Br^-）として存在することもわかっている．臭化物イオン（Br^-）は供与性の負電荷をもっているので，求核剤として機能する．結果としてトシル酸イソブチルが求電子剤となる．

より厳密には，C−Oσ* 軌道は，最もエネルギーの低い非占軌道（LUMO）であるので，求電子剤である．トシル基は負電荷を帯びた塩として放出され，それに伴って形式的には正電荷を帯びたナトリウムが，図に示した生成物を生成する．

→ トシル酸塩/トシル基はパラトルエンスルホニル基である．きわめて優れた脱離基であり，通常，求核置換反応で使われる．

→ 脱離基に関するさらなる情報は 3.4 節を見よ．

→ 求核剤は求電子剤を攻撃しなければならない．二つの求電子剤どうし，もしくは二つの求核剤どうしを互いに反応させることはできない．

C-O σ* 軌道

Na ⊕ +

Br ⊖
求核剤

求電子剤

Br

NaO

→ HOMO と LUMO は 1 章で詳しく論じている．

❓ 問題 3.1

次の化合物のうち，どれが求電子剤で，どれが求核剤かを示せ．

$$BF_3 \quad AlCl_3 \quad H_2S \quad MeOH \quad NaOH \quad H_2O$$

▶ ヒント　それぞれ HOMO と LUMO を考えよ．

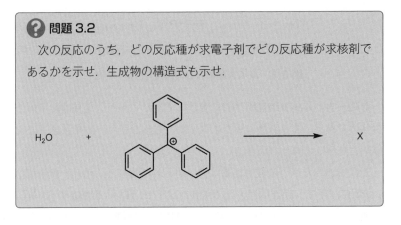

> **? 問題 3.2**
>
> 　次の反応のうち，どの反応種が求電子剤でどの反応種が求核剤であるかを示せ．生成物の構造式も示せ．

> **? 問題 3.3**
>
> 　次のそれぞれの段階で，どの反応種が求電子剤で，どれが求核剤か？
>
> ▶ヒント　曲がった矢印は重要なヒントとなる．

3.2　ルイス酸とルイス塩基

何が酸で何が塩基か？

　酸と塩基には二つのタイプがある．ブレンステッド（Brønsted）酸および塩基とルイス（Lewis）酸および塩基である．これまでに見てきたもののほとんどがブレンステッド酸および塩基である．ブレンステッド酸はプロトンを供与できる分子で，ブレンステッド塩基はプロトンを受容できる分子として定義づけられている．酸と塩基は常に対となっており，したがって酸があれば，また共役塩基もある（図 3.1）．

$$HCl \ + \ H_2O \ \rightleftharpoons \ Cl^{\ominus} \ + \ H_3O^{\oplus}$$

酸　　　塩基　　　　　　共役塩基　　　共役酸

図 3.1　ブレンステッド酸および塩基の反応の一例

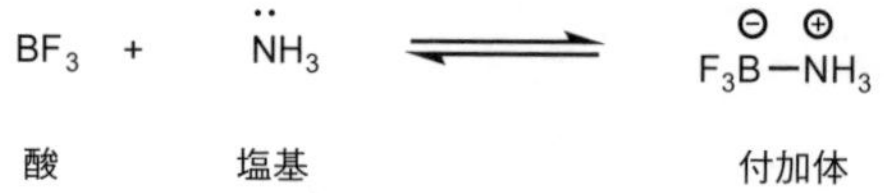

$$BF_3 \quad + \quad \overset{\cdot\cdot}{N}H_3 \quad \rightleftharpoons \quad F_3\overset{\ominus}{B}-\overset{\oplus}{N}H_3$$

酸　　　　　塩基　　　　　　　　　　　付加体

図 3.2　ルイス酸および塩基の反応の一例

　その一方，ルイス酸は電子対の受容体であり，ルイス塩基は電子対の供与体である．ルイス酸はまた求電子剤ともみなされ，ルイス塩基は求核剤ともみなされる（図 3.2）．

　先にも述べたように酸と塩基は常に対として生じる．この一例を図 3.1 の反応で示す．HCl は H_2O と反応して Cl^- と H_3O^+ を生成する．HCl は酸でありプロトンを H_2O に与えて，HCl の共役塩基である Cl^- を生成する．逆に，H_2O は塩基であり，プロトンを HCl から奪ってその共役酸である H_3O^+ を生成する．

例題 3.2A

　次の化合物はブレンステッド酸またはブレンステッド塩基か，あるいはルイス酸またはルイス塩基かを決めよ．

HCl　　　　　　NEt_3　　　　　Et_2O　　　　　BCl_3

解き方

　HCl はプロトン供与体として働くのでブレンステッド酸である．NEt_3 は窒素上に供与可能な孤立電子対があるのでルイス塩基である．Et_2O，ジエチルエーテルは，酸素上に供与可能な孤立電子対があるので，ルイス塩基である．最後の BCl_3 は空の p 軌道に電子対を受容できるので，ルイス酸である．

例題 3.2B

　次の反応のそれぞれの酸と共役塩基を示せ．

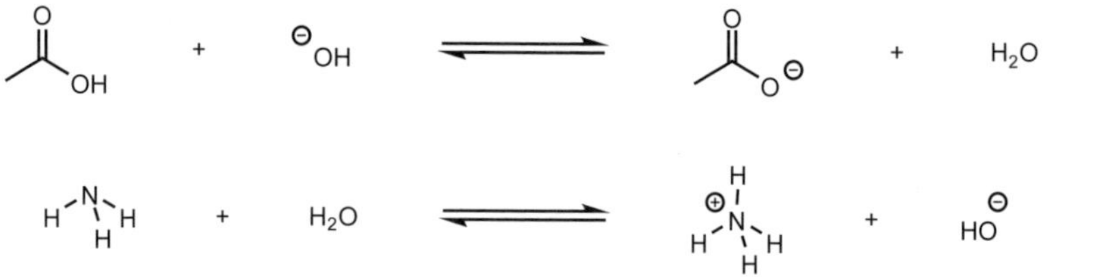

解き方

　反応 [1] では，プロトンを失い共役塩基である酢酸イオンになるので，酸は酢酸である．塩基は，プロトンを得て共役酸である水になるので，水酸化物イオンである．

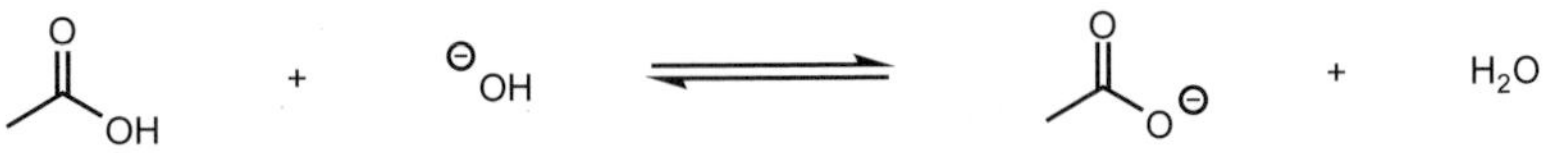

酸　塩基　共役塩基　共役酸

反応 [2] ではアンモニアが塩基である．プロトンを受容し共役酸であるアンモニウムイオンを生成する．水が酸であり，プロトンを失い共役塩基である水酸化物イオンを生成する．

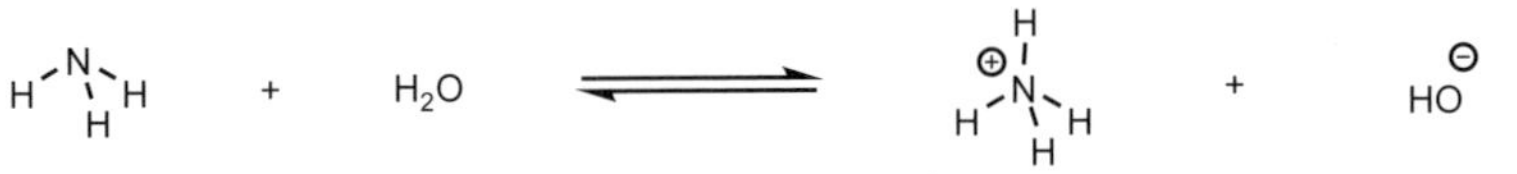

塩基　酸　共役酸　共役塩基

> **問題 3.4**
> 次の化合物はルイス酸またはルイス塩基であるか，ブレンステッド酸またはブレンステッド塩基であるか？
>
> $AlCl_3$　H_2S　$FeCl_3$　H_3PO_4

> **問題 3.5**
> 次の反応で，酸と塩基をそれぞれ示せ．
>
> 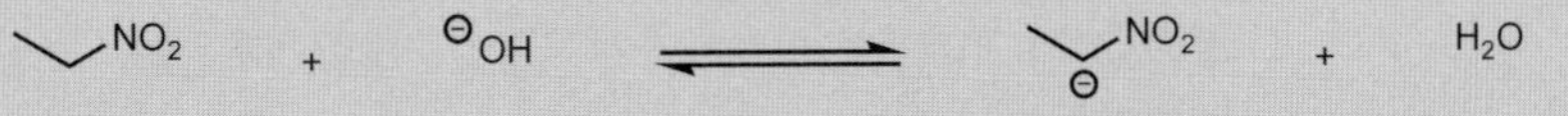
> [1]
>
> 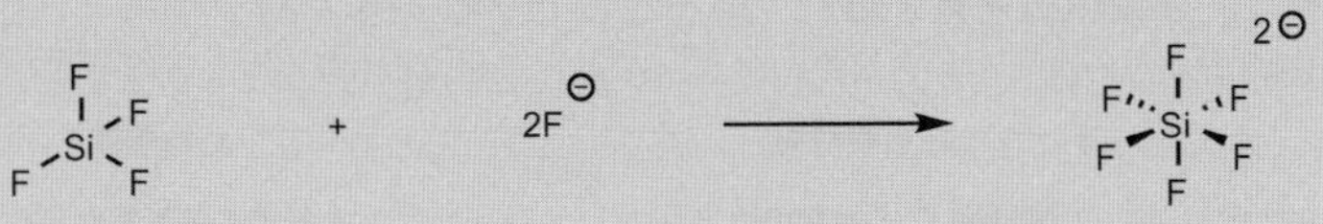
> [2]
>
> ▶**ヒント**　それぞれの式でプロトンを追え．

3.3 S_N1 反応と S_N2 反応

S_N1 反応および S_N2 反応とは何か？

S_N1 反応と S_N2 反応は，**飽和炭素中心**（saturated carbon center）のある官能基が別の官能基に求核置換される反応である．これらの反応は**律速段階**（rate-determining step；RDS），もしくは遅い過程にかかわる分子数（必要な反応種の数）によって定義される．一般式を図 3.3 に示す．

➔求核置換反応は芳香族置換とは異なる．芳香族置換反応については 6 章で論じる．

S_N1 反応

反応速度 $= k_1$ [基質]

S_N1 反応は入ってくる求核剤の濃度に依存せず，脱離基の脱離能力にのみ関係している．S_N1 反応では，分離した正の電荷が炭素上に形成される．要は S_N1 反応でカルボカチオン中間体が安定でなければならないことを覚えておこう．

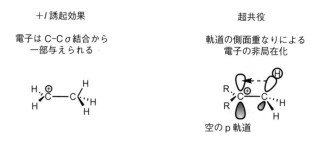

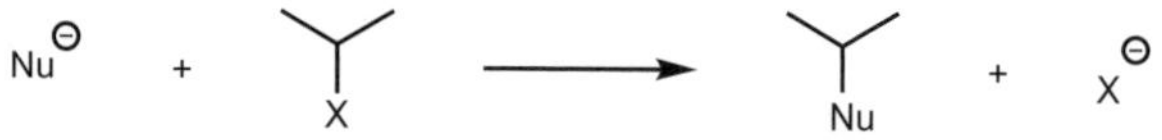
Nu⊖
+
X
Nu
+
X⊖

図 3.3　一般的な置換反応

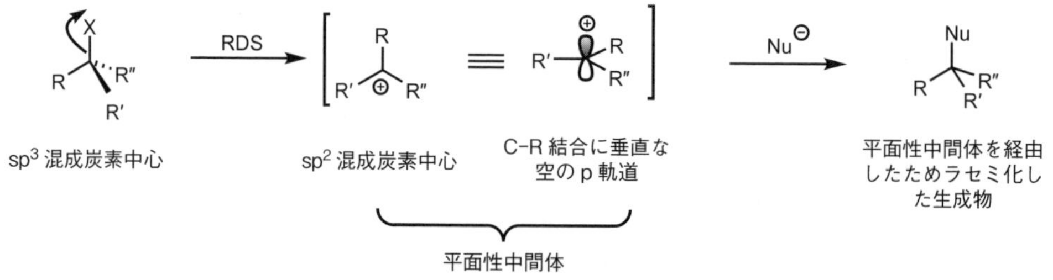
X
R
R″
R′
RDS
R
R′
⊕
R″
⊕
R
R′
R″
Nu⊖
Nu
R
R″
R′
sp3 混成炭素中心
sp2 混成炭素中心
C-R 結合に垂直な
空の p 軌道
平面性中間体を経由
したためラセミ化し
た生成物
平面性中間体

図 3.4　S_N1 反応

➔混成についての注意点は 1 章 1.4 節を見よ．

S_N1 反応は第三級もしくは第二級中心でのみ生じる．生じたカルボカチオンが，（空間を通じて）超共役により，もしくは（結合を通じて）誘起的に安定化される必要があるからである（図 3.4）．

超共役は σ 結合（たとえば C−H もしくは C−C）とカルボカチオン上の空の p 軌道との重なりを意味する．誘起効果とは，カルボカチオンの炭素中心に直接結合している C−Cσ 結合を通じて電子がカルボカチオンに引き寄せられていることである（図 3.5）．

+I 誘起効果
電子は C-C σ 結合から
一部与えられる
H
H
C
⊕
C
H
H
H
超共役
軌道の側面重なりによる
電子の非局在化
H
R
R
C
⊕
C
H
H
空の p 軌道

図 3.5　誘起効果と超共役

例題 3.3A

次の反応の機構を提案せよ．

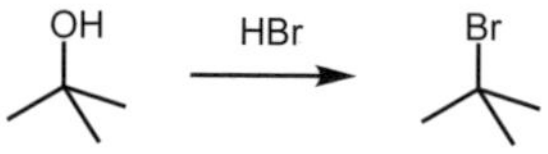
OH
HBr
Br

解き方

　最初に注意すべき点は，反応が酸性条件下で行われているため，酸素がプロトン化されてオキソニウム種（正電荷を帯びた酸素）が生成し，これが脱離して第三級カルボカチオンを生成するということである．このカチオンは臭化物イオンを引きつけて新たな C–Br 結合が形成される．

→酸性条件では OH⁻ は決して脱離基とはならない．

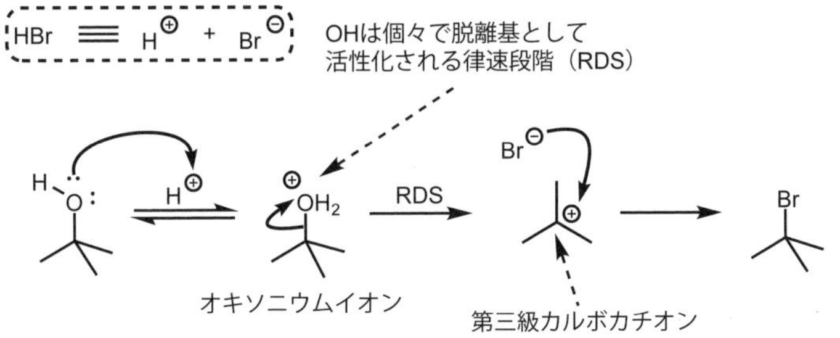

オキソニウムイオン　　　　　第三級カルボカチオン

OHは個々で脱離基として活性化される律速段階（RDS）

例題 3.3B

　次の反応の機構を書け．＊印のついた炭素の立体配置に何が起こるかを示せ．

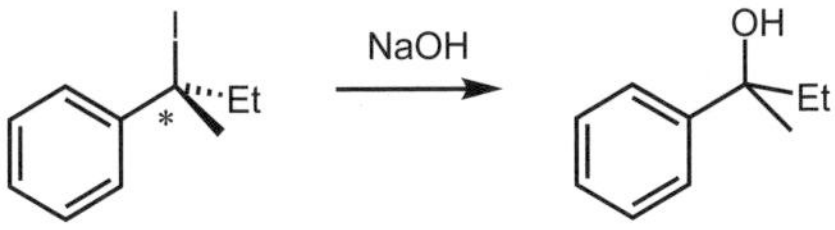

解き方

　この例ではヨウ化物イオンが脱離基である．このヨウ化物イオンが第三級炭素上にあるので，反応機構は S_N2 ではなく S_N1 でなければならない．ヨウ化物イオンが脱離すると，安定なカルボカチオンが生成する．ここで生成したカチオンは sp² 混成なので空の p 軌道をもっている．この p 軌道は上面から（a 過程）もしくは下面から（b 過程）求核剤の攻撃を受け，二つの異なる生成物ができる．これらの生成物はエナンチオマーである．

→エナンチオマーと立体化学の詳しい説明は 2 章を見よ．

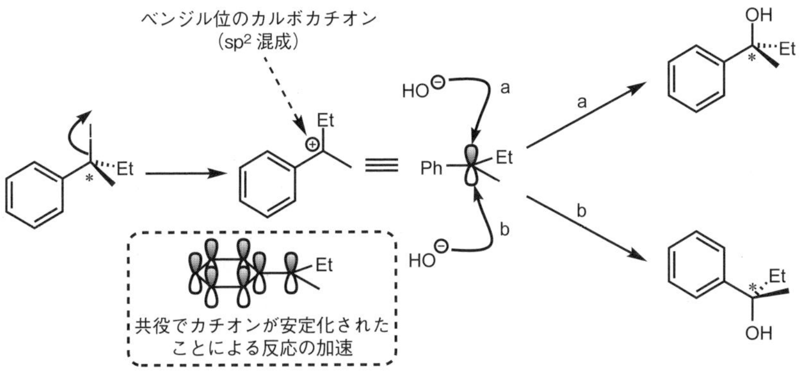

ベンジル位のカルボカチオン（sp² 混成）

共役でカチオンが安定化されたことによる反応の加速

問題 3.6

次の変換反応を，S_N1 型の反応経路で進むと想定して，その機構を示せ．＊印のついた炭素の立体配置を提案せよ．

▶ヒント　まず反応機構を書き，次に立体化学的に考察せよ．

問題 3.7

次の変換反応の機構と生成物を示せ．＊印をつけた炭素の立体配置を提案せよ．

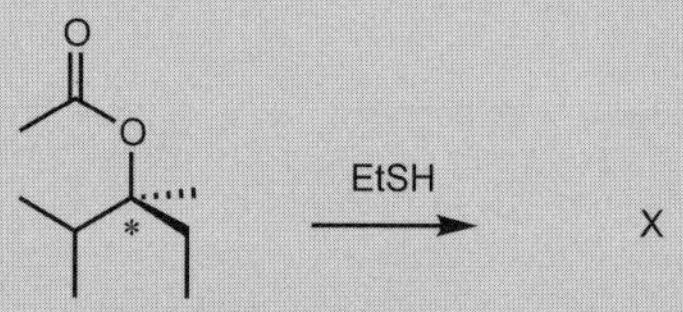

▶ヒント　まず反応機構を書き，次に立体化学的に考察せよ．

S_N2 反応

反応速度 $= k_2$ [基質] [求核剤]

S_N2 反応は入ってくる求核剤の濃度と離れていく脱離基の能力の両方に依存する二分子反応である．入ってくる求核剤の濃度が高ければ，反応速度は速くなり，また，基質の濃度が高くても反応速度は速くなる．覚えておくべき点は S_N2 反応では中間体が存在せず反応は競争的であること，S_N2 反応は第一級もしくは第二級中心でしか起こらないこと，そして S_N2 反応は軌道の制約のため立体特異的であることである（図 3.6）．

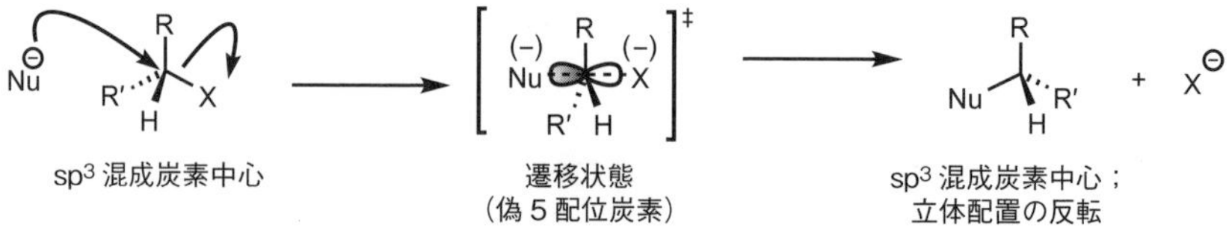

図 3.6　S_N2 反応

例題 3.3C

　次の変換反応の機構を提案せよ.

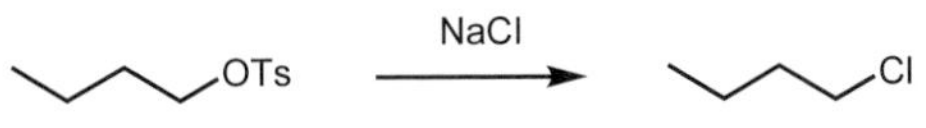

解き方

　脱離基に結合する炭素は第一級なので, 機構は S_N2 反応であるはずである. S_N1 反応であれば不安定な第一級カルボカチオンが生成してしまう. 変換反応の機構には, 脱離基が結合した C への求核剤の攻撃が含まれる. 求核剤 (Cl⁻) は C−O 結合を切断すると同時に, 新たな C−Cl 結合をつくる. その過程は競争的である. 具体的には, 入ってくる求核剤が C−O σ*軌道を攻撃することで, 対応する C−O σ 結合が切断されるのである. 遷移状態では入ってくる求核剤と脱離基の両方が部分的に負電荷を帯びているのは, この反応が競争的だからである.

⮕キラリティーの復習は 2 章 2.5 節を見よ.

⮕結合性軌道, 反結合性軌道に関しての復習は 1 章 1.3 節を見よ.

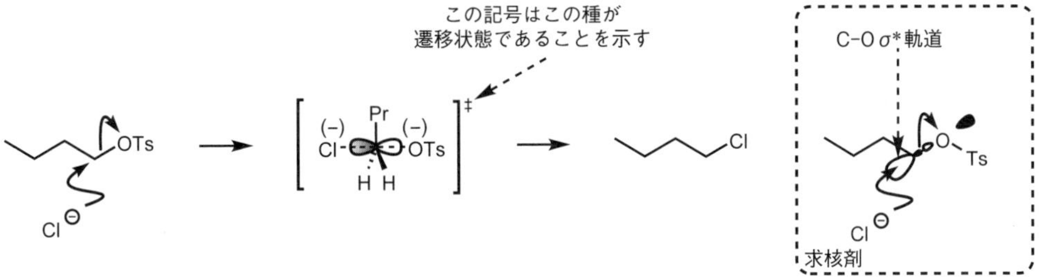

例題 3.3D

　反応が S_N2 反応の経路で進行すると仮定して, 次の変換反応の機構を提案せよ. 生成物の立体配置を示せ.

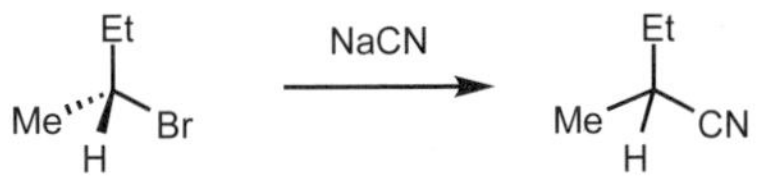

解き方

　この例を二つに分けて解いてみよう. 最初に反応機構を調べて, 次に機構を立体化学的に説明する. 混乱を避けるために, 難しい設問はより小さな段階に分割するとわかりやすいことが多い. 今回のように, 反応機構を解きながら基の三次元的な位置関係を考えていくのはたいへんかもしれない.

　ここで最初に気をつけることは, 置換反応が起こる炭素中心が第二級だという点である. これは S_N1 経路でも S_N2 経路でも起こりうる. しかし, 設問では, S_N2 機構で反応すると指示されているので, まずはこれだけを考える. S_N2 反応では脱離基が入ってくる求核剤と競争的に置換

される．反応機構は先ほどの例と同じように求核剤が C−Br の σ*軌道を攻撃し，図で示した遷移状態になる．そこでは入ってくる求核剤と脱離基の両方が部分的に負電荷をもっている．最後に脱離基は完全に置き換わり，生成物が生成する．

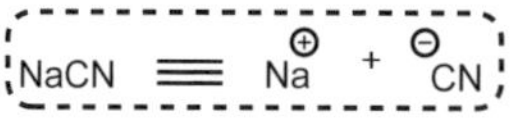

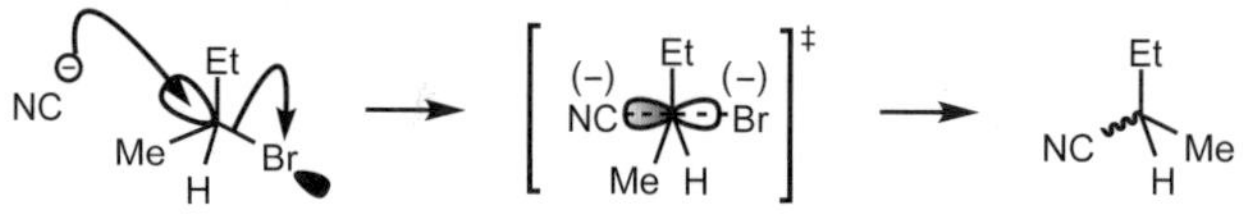

　反応経路がわかったところで，生成物の立体配置を考察してみよう．S_N2 反応では，もとの立体中心の反転が観察される．これは反応が競争的であることと，軌道の制約のために反応経路が一つだけとりうることによる．入ってくる求核剤は C−Br の σ*軌道を攻撃し，図で示した遷移状態に至る．この場合，原料のメチル基は面の後ろ側に位置していた．求核剤はメチル基と水素のあいだの道筋にそって攻撃したので，遷移状態ではメチル基は依然として面の後ろ側に位置したままである．臭化物イオンが離れると，生じた生成物は反転して，傘が裏返しになったような状態になる．最後の課題は原料と生成物の絶対立体配置を決定することである．この場合，出発物質は (R) 配置で，生成物は (S) 配置である．

⊙注意：原料が仮に (R) 配置だとしても，生成物は (S) 配置とはかぎらない．CIP 則を思い起こす必要がある．さらに学ぶには 2章2.3節を見よ．

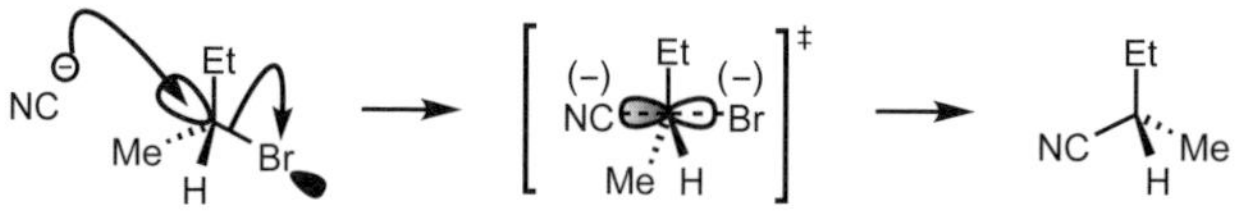

> **❓ 問題 3.8**
>
> 次の変換反応の機構を提案せよ．
>

> **❓ 問題 3.9**
>
> 次の変換反応の機構を，S_N2 経路を想定して提案せよ．＊印のついた炭素の立体配置を示せ．
>
>
> ▶ヒント　まず反応機構を書き，次に立体化学を考察せよ．

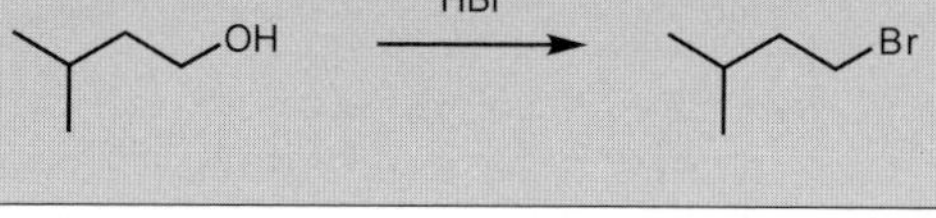

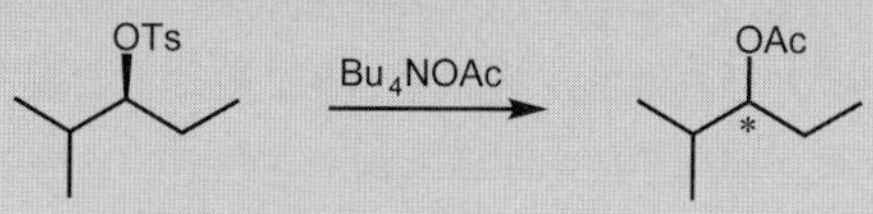

3.4　脱離基能への pKa の影響

pKa とは何か

pK_a は酸の強さを表すものであり，酸がどの程度解離しているかを示す指標である（図 3.7）．理論的には C−Hσ 結合を含むすべての化合物は，相応の塩基にプロトンを供与することで酸として働く．有機化合物の酸性度に影響を与えられる因子は，HA 結合の強さ，A の電気陰性度，HA に対する A^- の安定性，その化合物を溶かしている溶媒など，たくさんある．pK_a 値を論ずるとき，その値を求めた溶媒が記載される．通常，溶媒は水か DMSO（ジメチルスルホキシド）である．pK_a 値は一般的には −10 から 50 のあいだにある．pK_a 値がこの範囲を超える化合物もいくつかある．ある化合物の pK_a が小さければ，それは強酸であり，プロトンは容易に解離する．しかし，pK_a 値が大きければ，プロトンは簡単には解離しないので，その共役塩基の塩基性が強い．

$$HA \ + \ B \ \rightleftharpoons \ A^{\ominus} \ + \ ^{\oplus}BH$$

図 3.7　酸/塩基平衡

問題となる C−H 結合を調べることでプロトンが容易に脱離できるかどうかを判断できる．

- H−A 結合が弱いほどプロトンがより容易に脱離できるので，pK_a は小さくなる．このことは，通常 pK_a 値の制限の要因とはならない．
- アニオンの負電荷は，酸素のような電気陰性の原子上もしくは近傍においても，安定化される．アルコールの一種であるエタノールの場合，アルコールのプロトンが脱離すると電気陰性な酸素によって安定化されたアルコキシドができる．しかし，エタンの場合，プロトンの脱離で非常に不安定な炭素のアニオン（カルボアニオン）ができてしまう．
- 共役塩基が安定であるほど，そのプロトンは酸性である．共役塩基はさまざまな手段で安定化させることができる．アニオンがより多数の原子上に分散されれば，より安定である．それぞれの原子が抱える負電荷が少なくなるので，pK_a は小さくなる．これは共鳴として知られる．
- 最後に，混成はもう一つの重要な因子である．s 軌道が球形のため，軌道の s 性が高いほどアニオンの安定性の度合いはより大きくなる．

➔共鳴についての詳細は，1 章 1.8 節を見よ．

pK_a の小さい化合物は強い酸であるが，塩基としては非常に弱いことに注意が必要である．いくつかの化合物におけるアニオンの安定性と pK_a の関係を図 3.8 に示した．

➔アミンの pK_a 値を議論するときは，注意する必要がある．アミンは両性（酸としても塩基としても働く）であるから，アミンの pK_{aH} 値は親となる酸（プロトン化された種）を示している．たとえば，アンモニア（NH_3）では，pK_{aH} は NH_4^+ のことである．しかし，アンモニアでは N−H 結合を切断することもでき，NH_2^- を生成する．混乱を避けるため，構造が書かれていなければ，pK_{aH} という言葉を使い，それはただ単に共役酸の pK_a を意味している．たとえば，アンモニアの pK_{aH} は 9（NH_4^+）であり，pK_a は 33（NH_3）である．

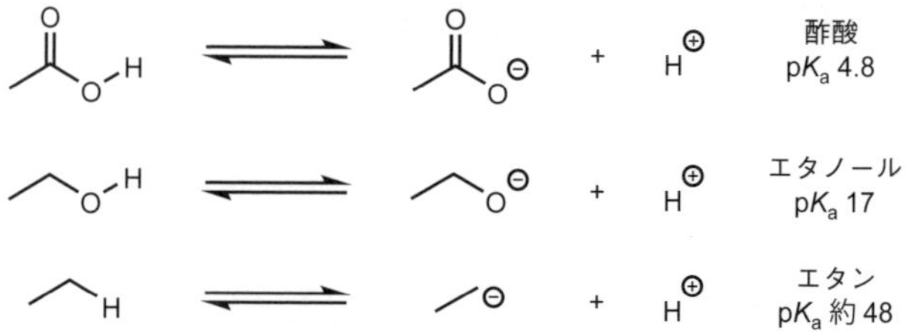

図 3.8 いくつかの化合物の pK_a とアニオンの安定性との関係

pK_a は脱離能にどのように関係しているか？

一般的に，脱離基の共役酸の pK_a が小さければ，より優れた脱離基であるといえる．おおよその pK_a 値を表 3.1 にあげた．＊印は酸性プロトンを示している．

例題 3.4A

＊印をつけたプロトンの酸性度を比較せよ．その酸性度の差の理由を説明せよ．

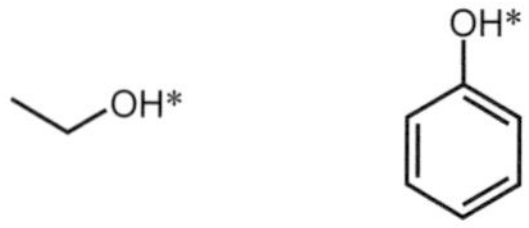

エタノール　　フェノール

解き方

この例では，どちらの化合物もアルコールという官能基をもっている．最初の例，エタノールでは，プロトンの脱離で酸素上に負電荷が生じている．酸素が電気陰性なため，この負電荷はいくらか安定化される．それゆえ，このプロトンはかなり酸性である．しかし負電荷は完全に酸素原子に局在化している．

表 3.1 便利なおおよその pK_a 値

	pK_a		pK_a		pK_a		pK_a
H*Cl	−7	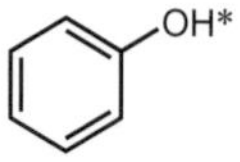	12	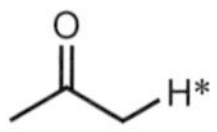	19	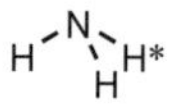	33
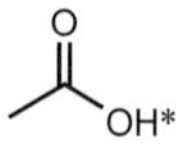	5	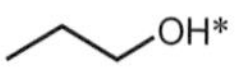	17	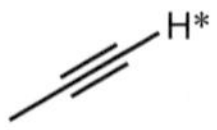	25	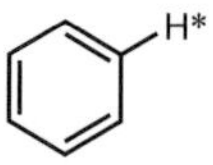	42
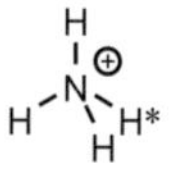	9	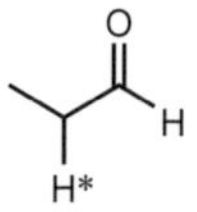	18	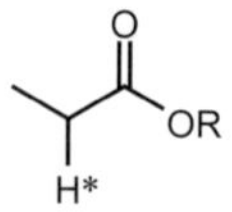	25	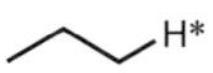	48

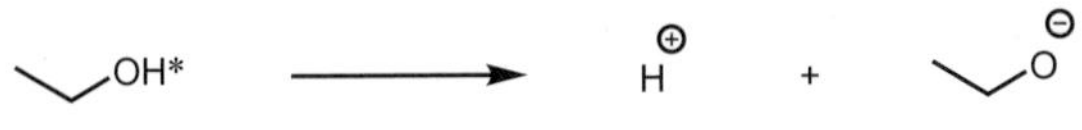

エタノール
pK_a 17

共鳴安定化に関して復習する
には 1 章 1.8 節を見よ.

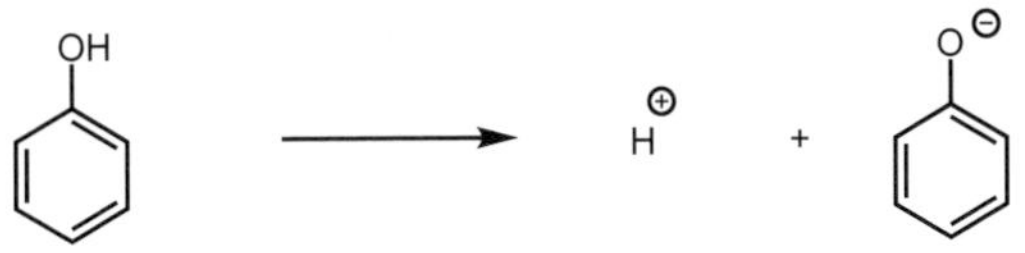

　2 番目の例, フェノールでは, プロトンの脱離で酸素上に負電荷が生
じ, その負電荷は共鳴安定化でベンゼン環に分散する. これは負電荷を
安定化する実に効果的な方法で pK_a 値に反映される. エタノールの pK_a
はおおよそ 17 でありフェノールの pK_a は 12 である. すなわち, フェ
ノールはその共役塩基がより安定であるため, より酸性であり, プロト
ンをより容易に放出する. さらに, フェノールの炭素原子は sp^2 である
ため, その結果, s 性が増し, より負電荷を安定化できる.

フェノール
pK_a 12

　全部をまとめると, 次のようになる.

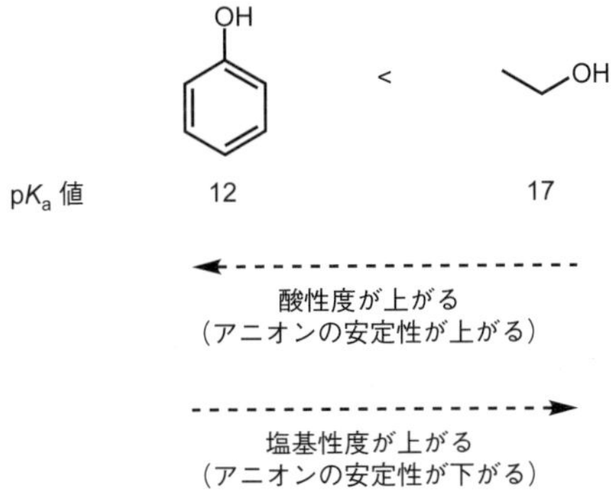

pK_a 値　　　　12　　　　　　　　17

酸性度が上がる
（アニオンの安定性が上がる）

塩基性度が上がる
（アニオンの安定性が下がる）

例題 3.4B

　次の分子で最も大きい pK_a 値, すなわち最も酸性度が小さいのはどれ
かを説明せよ.

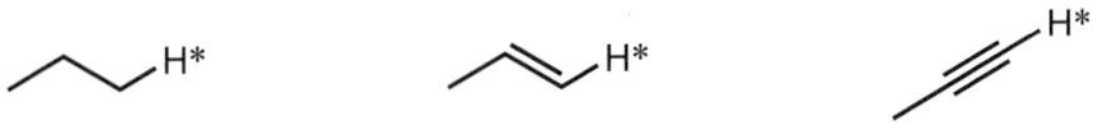

解き方

　この場合, 三つの異なった混成状態, sp^3, sp^2, sp 炭素上にあるプロ
トンを考える. ＊印で示したプロトンを脱離させると, sp^3, sp^2 もしく
は sp 混成のアニオンが生成する. これらはその軌道上にある s 性の大
きさで相対的安定性が異なる. s 性が増すとアニオンは核に近づき, そ

の電子はより強く保持され安定化される．そのためよりエネルギー的に低くなる．このことは pK_a に反映される．s 性が増すと，すなわち，sp^3，sp^2，sp となるにしたがって，アニオンの安定性は増し，pK_a が小さくなる．

→化学では一般に，エネルギーが低いものがより安定である．

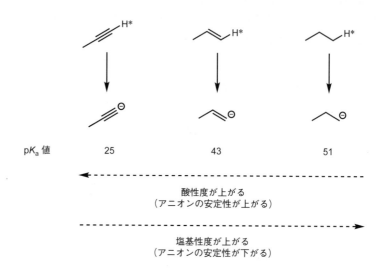

| pK_a 値 | 25 | 43 | 51 |

⟵ -

酸性度が上がる
（アニオンの安定性が上がる）

- ⟶

塩基性度が上がる
（アニオンの安定性が下がる）

――――――――――――――――――――――――――――――

例題 3.4C

アニオンの安定性を考慮に入れ，次の脱離基のうち，どれが最もよい脱離基かを示せ．

解き方

アルコール（訳者註：原書ではアルコキシドだが，正確にはアルコール）の pK_a はおおよそ 17 であり，スルホン酸（訳者註：同様に原著ではスルホン酸イオン）は −3，p-ニトロフェノールは 8 である．最も小さい pK_a をもつ化合物は，最も優れた脱離基であり，負電荷を最も安定化することができる．そのためスルホン酸イオンが最良の脱離基となり，アルコールがこのなかでは最悪の脱離基である．このことは有機化学の分野で活用されており，スルホン酸イオンは置換反応や脱離反応において脱離基としてよく用いられている．

pK_a 値を知らなくても，化合物どうしを比較してどちらがより優れた脱離基かを予測することはできる．すべての例において，アニオンは酸素上にあるので，電気的に陰性な酸素によって安定化されている．した

がって，安定性，すなわち pK_a に違いがあるかどうかを知るために，それぞれの分子をさらに詳しく調べる必要がある．

　エトキシドとスルホナートおよびフェノキシドを比較すると，アニオンが共鳴安定化されるのはフェノキシドとスルホナートである．一方で，エトキシドでは共鳴安定化されない．これは，これらのアニオンがどちらもエトキシドよりも安定であることを意味している．フェノキシドとスルホナートを比較すると，スルホナートのアニオンは電子求引性の SO$_2$ 基によって強力に安定化されている．フェノキシドではアニオンがベンゼン環を通じてニトロ基に共鳴するが，これはそれほど安定化していない．なぜなら，ニトロ基はさらに離れているので電子求引性効果がより弱いからである．

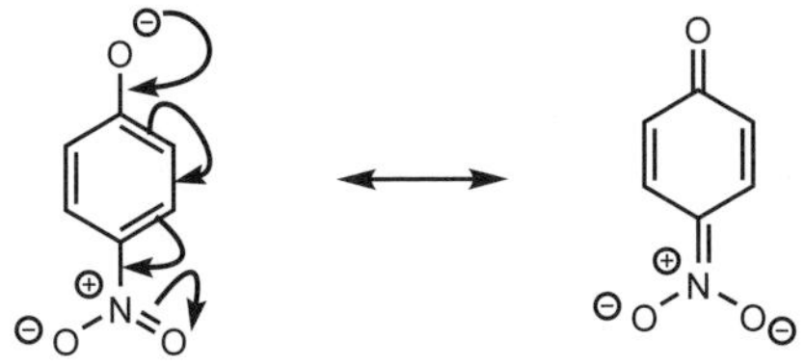

❓ 問題 3.10

　なぜ，次の pK_{aH} 値に違いがあるのかを答えよ．ブチルアミン（pK_{aH} 10.7），ジブチルアミン（pK_{aH} 11.3），トリブチルアミン（pK_{aH} 9.9）とする．

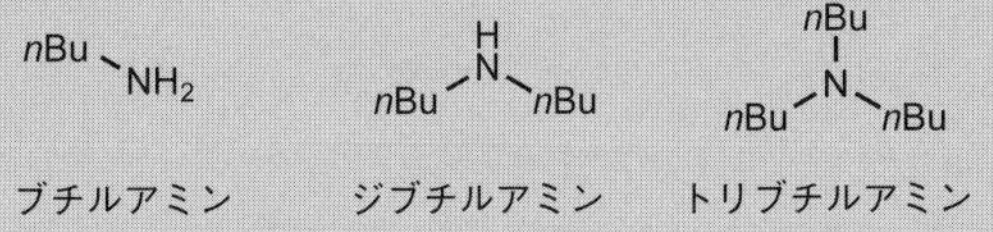

ブチルアミン　　　ジブチルアミン　　　トリブチルアミン

▶ **ヒント**　溶媒との水素結合およびアルキル鎖の誘起効果を考えよ．

➡ 与えられた値は pK_{aH} であり pK_a ではないことに気をつけよ．

❓ 問題 3.11

次の化合物で pK_a が小さいのはどちらか．

3.5　演習問題

> **❓ 問題 3.12**
>
> 　次の反応の最も可能性の高い反応機構は何か．生成物の立体配置を説明せよ．
>
>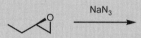

> **❓ 問題 3.13**
>
> 　次の反応の生成物は何か．曲がった矢印を用いて機構を書き，生成物の立体配置を決定せよ．

> **❓ 問題 3.14**
>
> 　次の反応を考えた場合，反応速度はどのようになるか．
>
> （a）基質の濃度が 2 倍となったとき．
> （b）求核剤の濃度が半分となったとき．

> **❓ 問題 3.15**
>
> 　次に示した反応条件で，どのような生成物が生成するか．
>
>

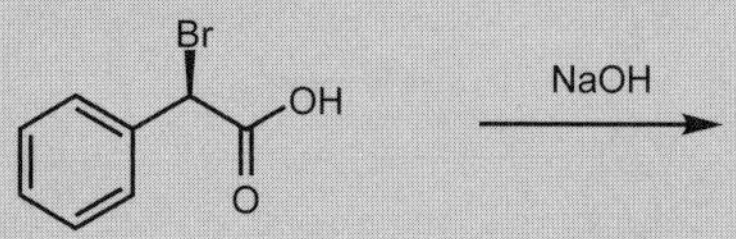

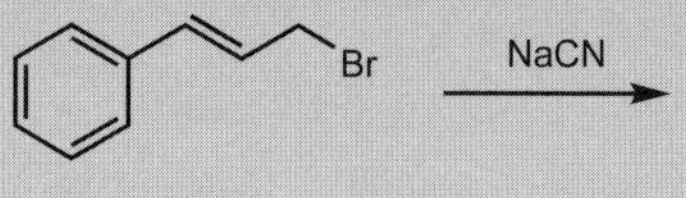

参考文献

A. Burrows, J. Holman, A. Parsons, G. Pilling, G. Price, *Chemistry*[3], 2nd edn, Oxford University Press（2013）.

J. Clayden, N. Greeves, S. Warren, *Organic Chemistry*, 2nd edn, Oxford University Press（2012）.

4

脱離反応

4.1　脱離によるアルケンの合成（E2，E1，E1cB）

　脱離反応では，塩基（求核剤）が水素原子核（プロトン）を引き抜き，脱離基を失いアルケンを生成する．この過程は E2，E1，E1cB の三つの反応機構で起こりうる．溶媒，求核剤の性質，脱離する種（脱離基）の性質などの因子によって，脱離機構が変わる．脱離反応は置換反応と競合することが多い．この章では脱離反応が主生成物となる反応を見ていくが，これらの実験のうちいくつかは，実際には置換生成物など多少副生成物ができる反応であることに気をつけよう．

E2 脱離

　E2 脱離は，塩基がプロトンを引き抜き，脱離基の脱離と π 結合の形成が同時に起こるような協奏的な機構で進む 2 分子脱離であるところから名づけられた．この反応機構を図 4.1 に示す．塩基と反応剤の両者が速度式に含まれ，S_N2 反応のような二次反応過程をなす．電子が C−Hσ 結合から C−LGσ* 反結合性軌道へと移動し，結果として C−LG 結合が切断されて C−Cπ 結合が生成するため，反応はアンチペリプラナー配座で進行する．強塩基〔たとえばアルコキシドやリチウムジイソプロピルアミド（LDA）〕が使われ，脱離基が第一級もしくは第二級位にあれば，E2 機構が優先する．

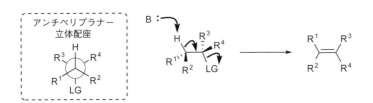

図 4.1　E2 脱離の一般的な機構． σ* 反結合性軌道へと電子が移動するために，反応剤はアンチペリプラナー配座をとり，立体特異的な生成物が得られる．普通は強塩基を利用する．

↪求核剤の性質次第で，脱離反応もしくは置換反応のどちらかが起こりうる．かさ高い求核剤，強塩基，高温条件は置換反応よりも脱離反応が起こりやすく，塩基の濃度が高まっても同様である．

↪E2 脱離は，より置換基の多い（より安定な）アルケン〔ザイツェフ（Zaitsev）生成物〕を優先的に与えるが，かさ高い塩基を用いて，立体障害により置換基の少ないアルケン〔ホフマン（Hofmann）生成物〕が得られるようにすることもできる．

†訳者註：

　LG（leaving group）：脱離基．

↪図 4.1 にアンチペリプラナー配座を示している図はニューマン投影図（Newman projection）とよばれる．この投影図は，二つの隣接する原子上の置換基の相対的な位置を示しており，あたかも結合の延長線上から見下ろしているように書かれている．

E1 脱離

●E1 脱離はより置換基の多い
アルケン（ザイツェフ生成物）を
位置選択的に与える.

　E1 脱離は単分子反応であり，脱離を行う分子の濃度のみが反応速度に関与する．S_N1 反応と同様に E1 反応は 2 段階からなる．脱離基が離れ（律速段階），それからプロトンが脱離し，アルケンが生成する（図 4.2）．E2 反応とは異なり，この過程はアンチペリプラナー配座をとる必要はないが，立体効果により，この反応は立体選択的になる．通常この効果のため，*E*-アルケンが優先して生成する．E1 反応が進行する典型例としては，生成するカルボカチオンが第三級炭素上か第二級炭素上にあり，また，そのカルボカチオン中間体がまわりの置換基によって安定化されるような構造の反応剤を利用する場合である．E1 反応には優れた脱離基とより弱い塩基（たとえば，水やアルコール），もしくは塩基を用いない条件が必要である．

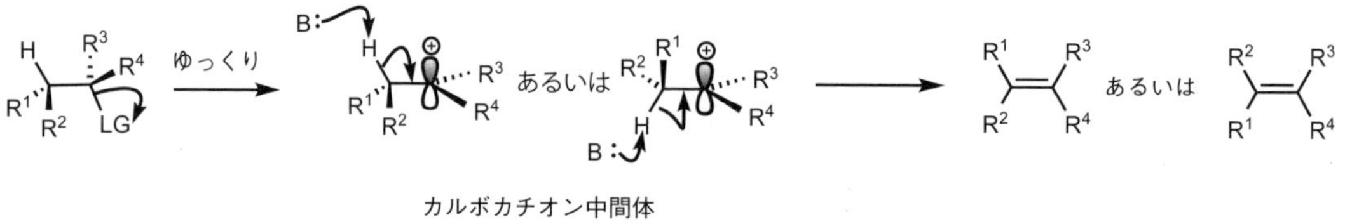

カルボカチオン中間体

図 4.2　E1 反応の機構. カルボカチオン中間体が平面性で sp^2 混成であり，空の p 軌道のどちら側からも（水素が）脱離するので，潜在的には *E* もしくは *Z* 生成物のどちらも生成しうる．脱離過程のあいだ，C−Hσ 結合はカチオンの空の p 軌道と平行に並んでいなければならない.

E1cB 脱離

†訳者註：カルボアニオン.

　E1cB 機構は，カルボアニオンの形成と引き続く脱離基の脱離という 2 段階過程である（図 4.3）．この反応はその共役塩基†に関して一次反応である．E1cB 機構は，劣った脱離基をもつ分子が強塩基で処理されたときに生じ，形成されるカルボアニオンが電子求引性基（通常はカルボニル）によって安定化されたときにだけ可能となる．E1 反応と同様に，E1cB 脱離は立体効果に基づいた位置選択性を示し，*E* 体を主生成物として与えることが多い．

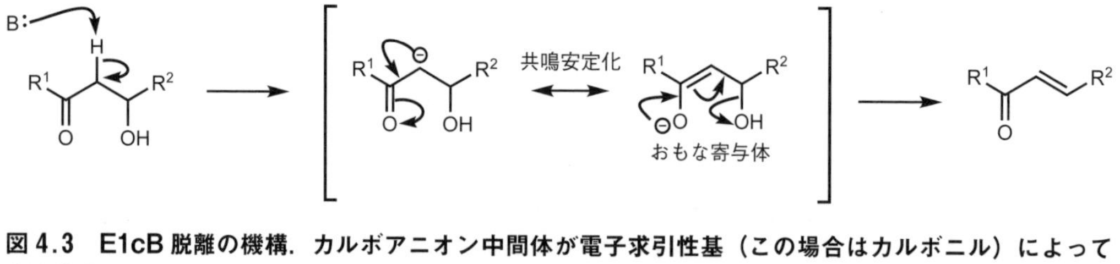

おもな寄与体

図 4.3　E1cB 脱離の機構. カルボアニオン中間体が電子求引性基（この場合はカルボニル）によって安定化される.

例題 4.1A

次の反応は脱離反応で，単一生成物を与える．生成物とその形成機構を示せ．

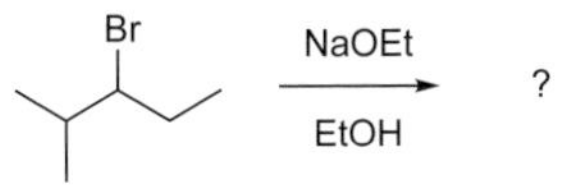

> アルコキシドと対応するアルコールを用いる反応条件は脱離反応には非常に一般的な条件である．アルコキシドと脱離基が立体的に混みあっていなければ，S_N2 反応が起こる可能性があるので，注意が必要である．

解き方

この反応条件を見ると，二つのことに気がつくだろう．一つは非常に強いアルコキシド塩基を使っていることで，このため E2 機構が優先する．二つ目は脱離基（Br）が第二級炭素にあることである．これは，反応が E1 機構で進行するとした場合，電子供与性基が（第三級カルボカチオンほど）十分に存在しないため，あまり安定でない第二級カルボカチオンができることになり，反応機構が E1 ではなく E2 であることを示している．

ここで，生成物を考えるとき，どのプロトンが脱離するのか特定する必要がある．このプロトンは，脱離基に隣接している三つのプロトンのなかから選ぶ．

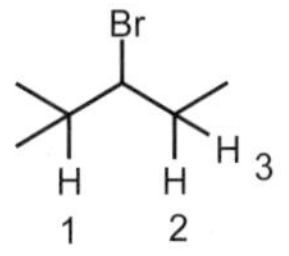

脱離するプロトンが **1** ならば 3 置換アルケンを与えるし，**2** か **3** であれば二置換アルケンを与える．ザイツェフ則はより置換基の多いアルケンがより安定であるとしているので，プロトン **1** の脱離が優先する．それゆえ生成物は，

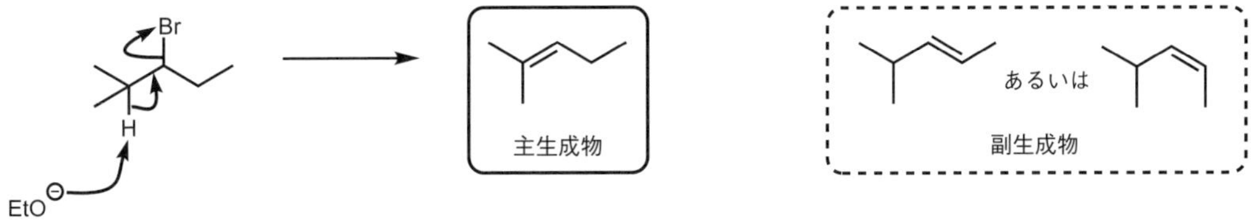

例題 4.1B

3-ヨード-3-フェニルプロパン酸を水中で加熱すると，次の二つの生成物，(E)-3-フェニル-2-プロペン酸（ケイ皮酸）と (Z)-3-フェニル-2-プロペン酸が生成する．

3-ヨード-3-フェニルプロパン酸 $\xrightarrow{H_2O}$ ケイ皮酸 + (Z)-3-フェニル-2-プロペン酸

（a）この反応機構を示し，二つの立体異性体が生成する理由を説明せよ．

（b）この反応は立体選択的である．主生成物はどちらだと期待できるか，理由とともに説明せよ．

解き方

（a）3-ヨード-3-フェニルプロパン酸のなかのヨード基は，優れた脱離基であるとともに，生じたカルボカチオンがフェニル基によって共鳴安定化されるような位置にある．唯一の反応剤が極性をもつプロトン性溶媒の水である．この条件では E1 脱離機構が優先する．この反応機構は，ヨウ素原子がヨウ化物イオン（I⁻）として脱離することで生じるカルボカチオンの形成を伴う．このカルボカチオンは C—C 結合を軸にして（訳者註：図の＊印の結合）自由に回転するので，隣接する二つの C—H 結合のどちらも，カルボカチオンの空の p 軌道のローブと同一面上に並ぶことができる．プロトンが引き抜かれる段階で，二つの生成物を与える可能性が生じる．

➜ 脱離可能なプロトンをもつカルボカチオンに隣接した炭素が一つしかないときでさえ，その炭素上にある二つの C—H のどちらもカルボカチオンの p 軌道のローブに重なるので，2 種類の生成物が合成されることに注意せよ．

経路1 / 経路2 → E / Z

（b）E1 反応は，カルボカチオン中間体上の隣接する置換基間の立体相互作用のため，立体選択的になる．二つの中間体のニューマン投影図を書けば，どちらが立体的に不利か判断できる．

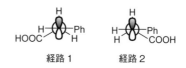

経路1　　　経路2

これらの投影図における立体的にかさ高い基は，おもにフェニル基とカルボン酸基である．これは，経路 2 ではそれらの基が互いに近接していて，立体障害がより大きいことを意味している．したがって，経路 1 が優先し，E 異性体であるケイ皮酸が主生成物として生成する．

❓ 問題 4.1

次の反応の結果はどうなると考えられるか.

(a)

'BuONa
'BuOH

(b)

EtOH

(c)

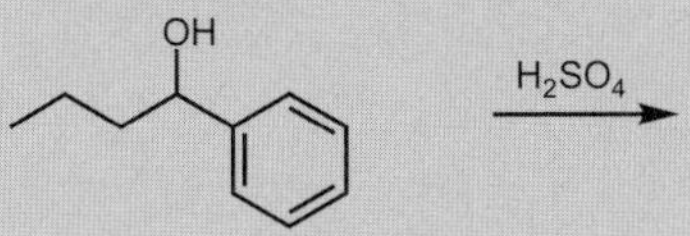

H₂SO₄

(d)

NaO'Pr
'PrOH

(e)

Et₃N
DMSO

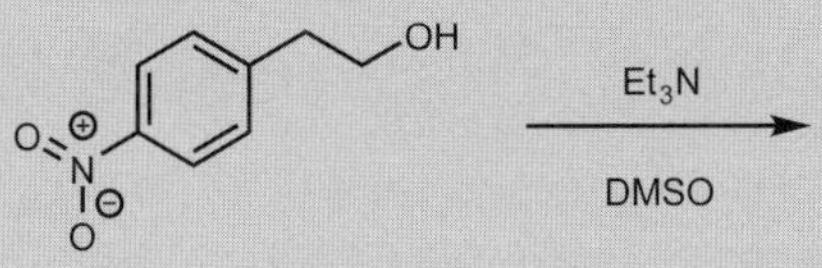

▶ヒント この問題を解くときは, 塩基の選択と脱離基の性質に着目せよ. 強塩基を用いると E2 反応に導かれることが多い一方で, 比較的安定なカルボカチオンを形成する優れた脱離基があると, E1 反応が有利となる.

❓ 問題 4.2

次の化合物の E2 脱離によって何種類のアルケンが生成するか.

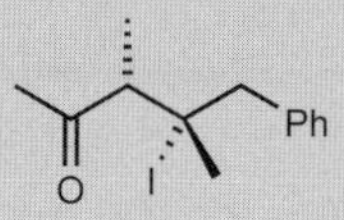

❓ 問題 4.3

（2-ブロモ-2-メチルプロピル）シクロヘキサンのエタノール溶液を室温で 24 時間攪拌する．この反応では副生成物のアルケン（25%）と主生成物（75%）である非アルケンが生成する．

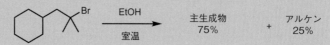

（2-ブロモ-2-
メチルプロピル）シクロヘキサン

(a) この反応で生成するアルケンの構造を書け．

(b) 主生成物の構造を予想せよ．

(c) 反応剤を変えたり追加したりしないで，アルケンの収率を上げる方法を提案せよ．

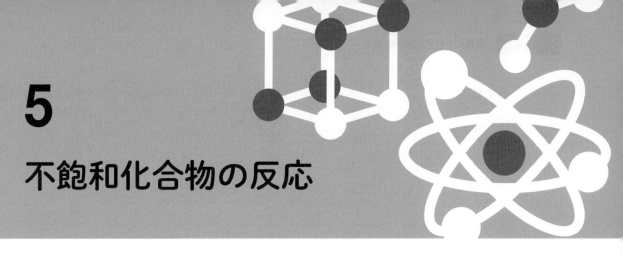

5

不飽和化合物の反応

5.1 求電子付加反応

　一般に，求電子付加反応は求電子剤とアルケンとのあいだで生じる．π結合をもつ他の基も同様に反応することがある．求電子付加は，π結合の切断と新たな二つのσ結合の形成により，求電子剤がアルケンへ「付加」してより大きな新たな分子を生成する．求電子付加の一例を図5.1に示す．ここでは，臭化水素がアルケンのπ結合に「付加」している．アルケンへ求電子付加する反応剤は一般に，ハロゲン化水素，アルコールおよび水である．酸触媒は求電子剤としてよく用いられ，最初にアルケンと反応してカルボカチオンを形成し，次に求核剤がそのカチオンを攻撃する．

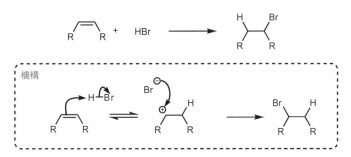

図5.1 アルケンを臭化水素で処理すると，求電子付加が進む．

求電子付加反応の位置選択性

　求電子付加反応で形成されるカルボカチオンはπ結合のどちらの炭素にも生じうるので，求電子付加は，より安定なカルボカチオン中間体を経て位置選択的に主生成物を与える．たとえば，プロペンへの求電子付加は，第一級よりも安定な第二級カルボカチオン中間体（訳者註：原書では遷移状態）を経由してできる主生成物を与える（図5.2）[†]．

　→ マルコフニコフ（Markovnikov）則は求電子付加反応の位置選択性を推定するときに使われる．要するに，一般的な求電子剤「HX」がアルケンに付加するとき，最も多くの水素原子をもつ炭素原子にプロトンが付加するとしている．たしかにそういう場合が多いが，必ずしもいつも正しいとはかぎらない．この規則に沿った生成物はしばしばマルコフニコフ生成物とよばれる．一方，そうでないのは反マルコフニコフ生成物とよばれる．反マルコフニコフ生成物はラジカル反応でしばしば見られる．

[†] 訳者註：
中間体に向かう遷移状態を論じるならば，速度論的なプロトン化を論じるべきだが，図5.2を見るかぎり，平衡反応であるので，ここでは中間体のほうが適切である．

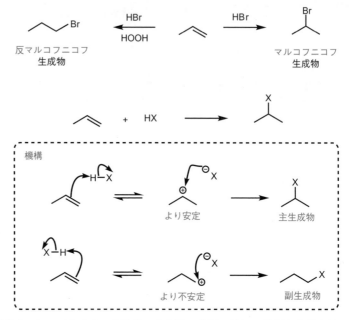

図5.2　カルボカチオン中間体の安定性が求電子付加の位置選択性を決める.

ハロゲンの付加反応

「vicinal（ビシナル）」という用語は官能基が互いに隣接した炭素原子に結合していることを意味する. 一方,「geminal（ジェミナル）」は官能基が同じ炭素原子に結合していることを意味する.

この反応では, ジクロロメタンのような非求核性溶媒を用いなければならない. この反応を水の存在下で行うと, 水がハロニウムイオンを攻撃して, ハロゲンとヒドロキシ基が互いに vicinal 位にある「ハロヒドリン（halohydrin）」が得られる.

求電子付加反応はアルケンとハロゲン二原子分子（Br_2, Cl_2, もしくは I_2）とのあいだで生じ, **隣接ジハロゲン化化合物**（vicinal dihalide）が生成する. この反応ではアルケンの π 結合の電子でハロゲン分子の双極子が誘起され, 求電子的になる. 反応機構を図 5.3 に示す. π 結合からハロゲン分子の σ* 反結合性軌道に電子が移動し, σ 結合が切断され, ハロゲンと両炭素原子とのあいだの新たな σ 結合および負電荷に荷電したハロゲン化物イオンが生成する. 正電荷に荷電した中間体はハロニウムイオンとして知られ, 求核付加のような様式で攻撃を受け, 二つの新たな**隣接した**（vicinal）ハロゲン基をもつ生成物が得られる.

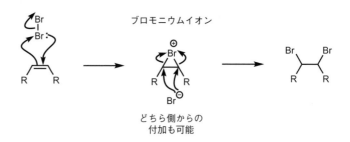

図5.3　アルケンの臭素処理により求電子付加反応でジブロモ化生成物が生じる.

例題 5.1A

次の反応の主生成物は何か.

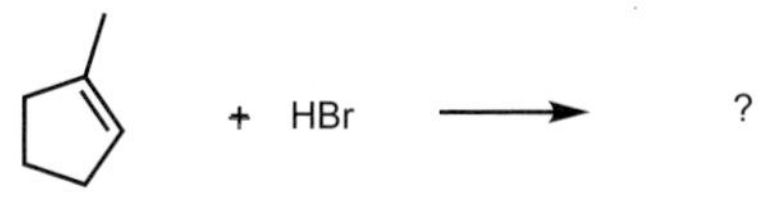

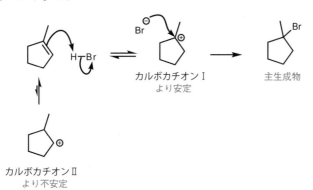

解き方

この章では, ハロゲン化水素がアルケンに対して求電子付加反応を行うことを学んだが, この設問はその一例である. この反応の最初の段階は求核剤であるアルケンの, 求電子剤である臭化水素のプロトンへの攻撃である. これでカルボカチオンⅠもしくはⅡが生成する. Ⅰはアルキル置換基の数が多いのでより安定であり, そのため, 反応はまずこの中間体を経て進行する. 次に, 最初の段階で生じた臭化物イオンが, 生成したカルボカチオンに付加し, 1-ブロモ-1-メチルシクロペンタンを主生成物として与える.

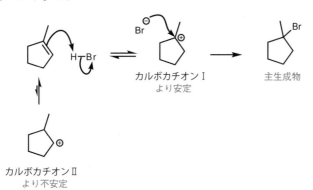

例題 5.1B

2 当量のスチレンはエチレングリコール (エタン-1,2-ジオール) と硫酸存在下で求電子付加反応を行う. 主生成物は何か.

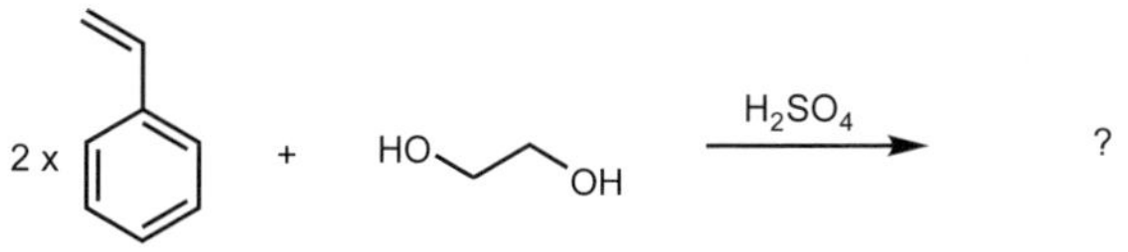

$$2x \quad + \quad HO\text{---}OH \xrightarrow{H_2SO_4} \quad ?$$

解き方

これは求電子付加反応であることがわかっているので, まず求電子剤と求核剤を特定しよう. 求核剤は電子豊富で, 反応活性が高くなければならないので, スチレンは適切な候補となる. スチレンの芳香族フェニル環およびビニルの二重結合は電子豊富である. しかし, 環の芳香族性 (π系) を破壊するような位置での求電子付加反応は生じないだろう. し

➡芳香族分子は付加反応よりもむしろ，求電子的な芳香族置換反応を受けるが，それにはさらに反応剤が必要である．さらに学ぶには6章を見よ．

たがって，スチレンのビニルの二重結合が求核性を示す．エチレングリコールは弱酸なので，求電子剤は硫酸触媒由来のプロトンである，とまずは考える．最初の付加段階では，第一級と第二級の二つのカルボカチオン中間体が生成する可能性がでてくる．前述したように，第二級カルボカチオンはアルキル基による $+I$ 効果で安定化されるだけでなく，この場合はベンゼン環の共鳴により，さらにカチオンが安定化される．

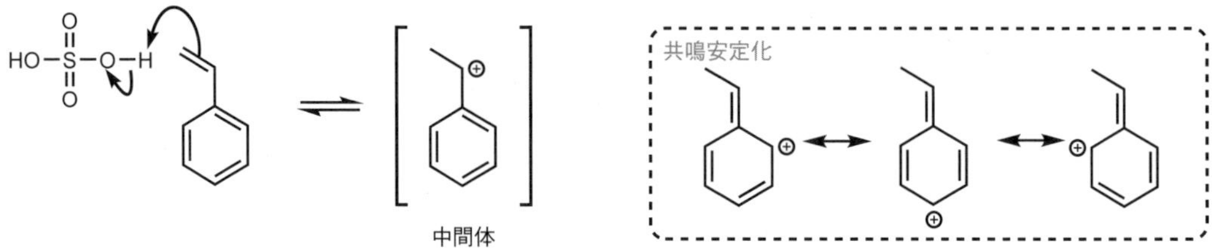

この時点で求核性のあるエチレングリコールはカルボカチオン中間体に付加でき，引き続きプロトンを失ってエーテル基が二つの反応剤とのあいだで形成され，酸触媒が再生する．エチレングリコールはカルボカチオンの p 軌道のどちら側のローブにも付加できるので，この反応ではラセミ混合物が生成することになる．

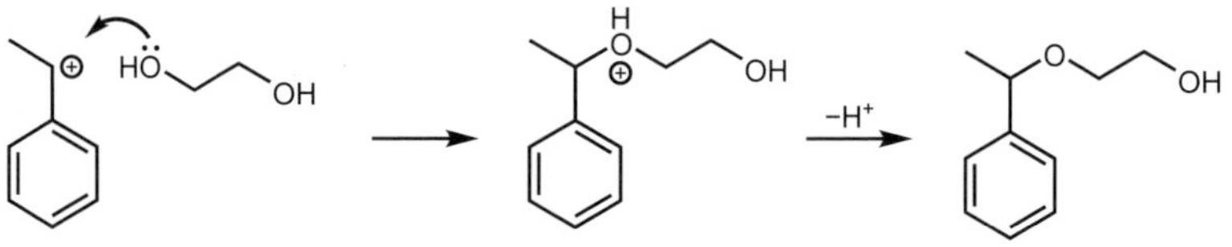

ここで解答を終わらせるには抵抗感があるはずである．なぜなら，2当量のスチレンが使われたと設問に書かれているからである．したがって，生成したアルコールと反応する何らかの反応剤がまだあるはずである．例題 5.1A と同様に，求電子付加反応が進行する．ここで書いた主生成物の立体化学は決まっていないが，ジアステレオマーとエナンチオマーのラセミ混合物だろう（訳者註を参照）．

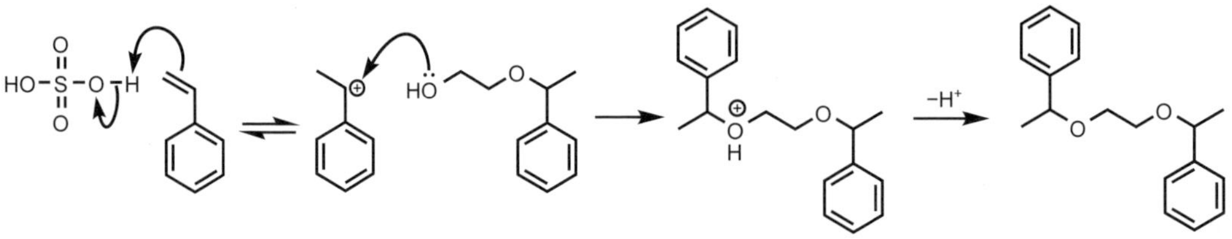

†訳者註：
原著では4種とあるが，メソ体が含まれるので原理的に3種の立体異性体（ジアステレオマー，エナンチオマー）がありうる．

主生成物

? 問題 5.1

次の反応の主生成物を，副反応がないと仮定して推定せよ．そしてその立体化学に関して論ぜよ．それぞれの反応の反応機構も示せ．

(a) $\xrightarrow{H_2O,\ H_2SO_4}$

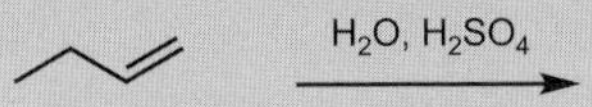

(b) $\xrightarrow{HBr}$

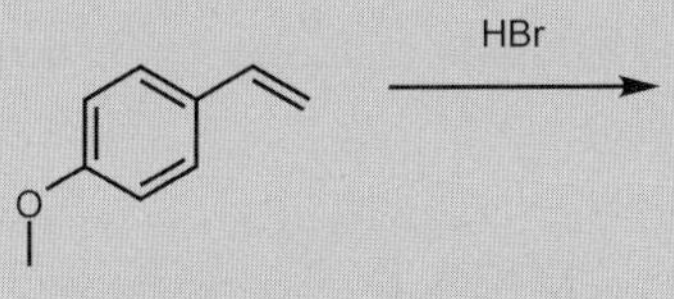

(c) $\xrightarrow{MeOH,\ HCl}$

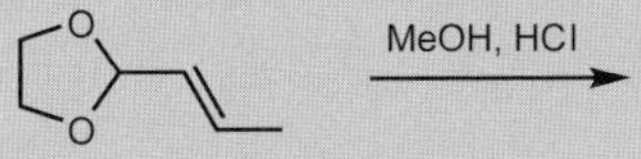

(d) $\xrightarrow{Br_2,\ H_2O}$

▶ヒント　カルボカチオン中間体に関して安定化もしくは不安定化をもたらす共鳴効果と誘起効果について考慮せよ．

▶ヒント　立体化学に注意せよ．解答のなかに可能な立体異性体がすべて含まれていることをいま一度確認せよ．それぞれのカルボカチオンの p 軌道はどちら側のローブからも求核攻撃を受ける．

? 問題 5.2

シクロヘキセンを Br_2 で処理すると，トランス-1,2-ジブロモシクロヘキサンが生成する．なぜ，シス体は生成しないのか，説明せよ．

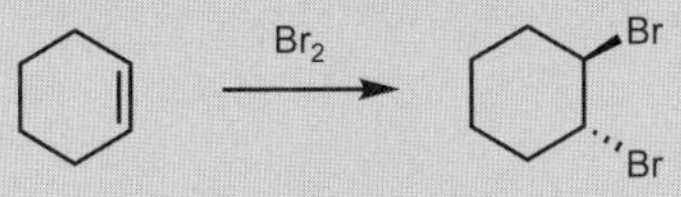

$\xrightarrow{Br_2}$

▶ヒント　反応機構を書くとよい．

6
芳香族の化学

6.1 芳香族求電子置換反応

芳香族求電子置換反応とは何か？

芳香族求電子置換反応（S_EAr）は芳香環上の官能基，通常プロトンが求電子剤によって置換される反応である．

求電子剤と反応するには，芳香環が電子豊富でなければならない．これは反応機構を考えるうえで，求電子剤の攻撃にベンゼン環上の電子雲が必要だからである．芳香環が電子不足であれば，すぐには反応できないだろう（図 6.1）．反応機構は，ウィーランド（Wheland）中間体として知られるカルボカチオン中間体を経由する．この中間体はプロトンを失い芳香族性を回復する．

➡求電子剤の詳細については，3 章 3.1 節を見よ．

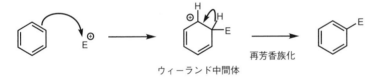

ウィーランド中間体　　再芳香族化

図 6.1　芳香族求電子置換反応の一般式

例題 6.1A

次の反応の反応機構を示せ．1 回しかニトロ化が進行しない理由を提案せよ.

$$\underset{\text{室温あるいは 0℃}}{\xrightarrow{\text{HNO}_3,\ \text{H}_2\text{SO}_4}}$$

NO_2

解き方

反応全体では，ベンゼン環上のプロトンの一つが NO_2 基に置換される様子が示されている．この反応が進行するには，NO_2 の供給源として機能する反応種を生成させる必要がある．また活性な求電子剤の形成を考える必要もある．硝酸（HNO_3）と硫酸（H_2SO_4）を反応させると，ニ

トロニウムイオン（NO$_2$$^-$）が生成する．この反応式では硝酸がプロトン化され，続いて水分子が脱離している．

ニトロニウムイオン

　求電子剤ができたので，S$_E$Ar 段階を考える．ベンゼン環の π 電子雲が，強力な求電子剤であるニトロニウムイオンを攻撃して，ウィーランド（カルボカチオン）中間体を生成する．高エネルギーのカルボカチオンは芳香族性を失うので，再び芳香族化するためにプロトンが脱離する．

　最後に，その芳香環が一度しかニトロ化されない理由は，ニトロ基が強力な電子求引性のため，芳香環を不活性化して他の求電子剤の攻撃を妨げているからである．S$_E$Ar 反応には電子豊富な基質が必要であると以前に学んだことを思い出そう．芳香環をもう一度ニトロ化することは可能だが，非常に強い条件，すなわち発煙硝酸と濃硫酸，そして 100 ℃に加熱する必要がある！

例題 6.1B

　次の反応の反応機構を示せ．

解き方

　この問題に答えるのに二つの有用な情報がある．一つ目はベンゼン環に付加する基が矢印の上の基と Cl を除いてほとんど同じという点である．二つ目は塩化アシルとルイス酸（AlCl$_3$）が存在する点である．これら二つの情報はフリーデル–クラフツ（Friedel–Crafts）型の機構を示している．

　第 1 段階は，ルイス酸性のアルミニウム種の塩素への配位と，それに続くカルボニル酸素上の孤立電子対が AlCl$_4$$^-$ を脱離させて高反応性のアシリウムイオンを生成する．一度，アシリウムイオンが生成すると，

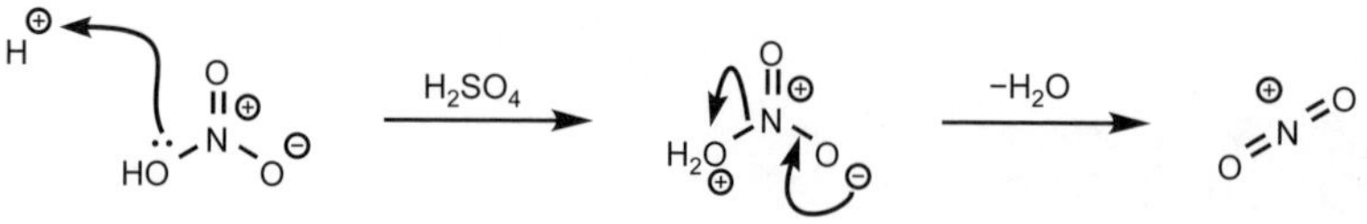

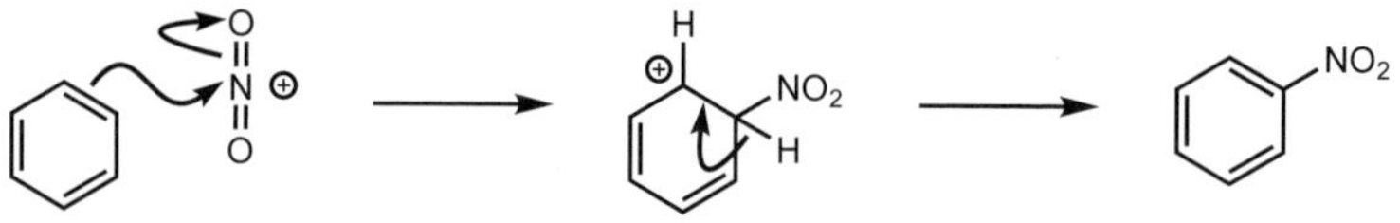

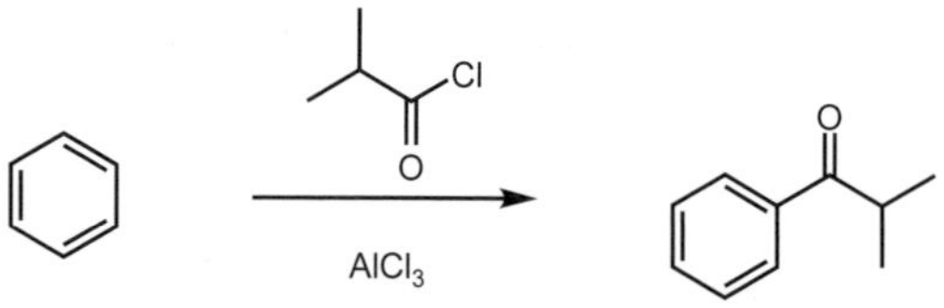

ルイス酸の復習には 3 章 3.2 節を見よ．

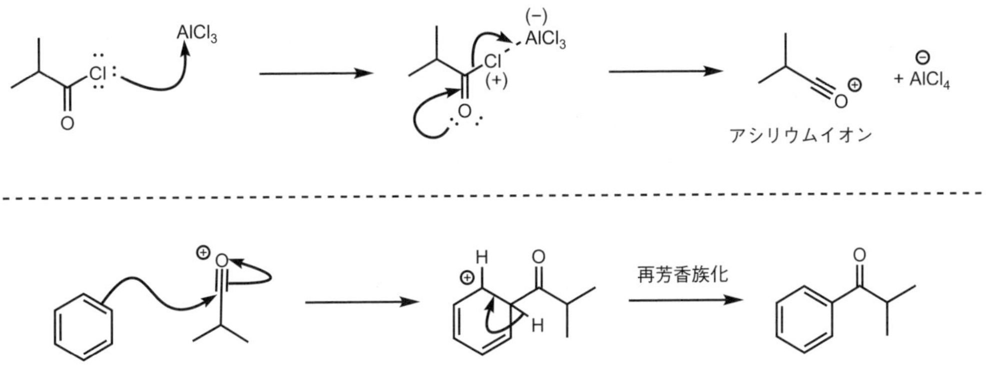

見慣れた S_EAr 反応機構となる. そのアシリウムイオンをベンゼン環が攻撃し, ウィーランドカルボカチオン中間体が生成し, 再芳香族化が進行し, 最終生成物が得られる.

❓ 問題 6.1

次の反応の反応機構を示せ.

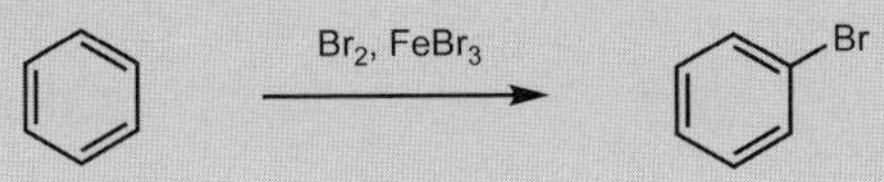

▶ヒント　$FeBr_3$ は $AlCl_3$ と同様に働く.

❓ 問題 6.2

次の反応の反応機構を示せ.

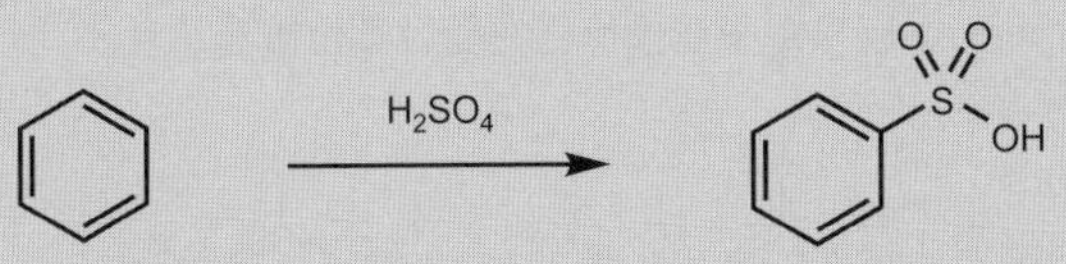

▶ヒント　この機構は, 硫酸 1 分子によるもう 1 分子の硫酸のプロトン化と続く 1 分子の水の脱離で始まる.

❓ 問題 6.3

次の反応の反応機構を示せ.

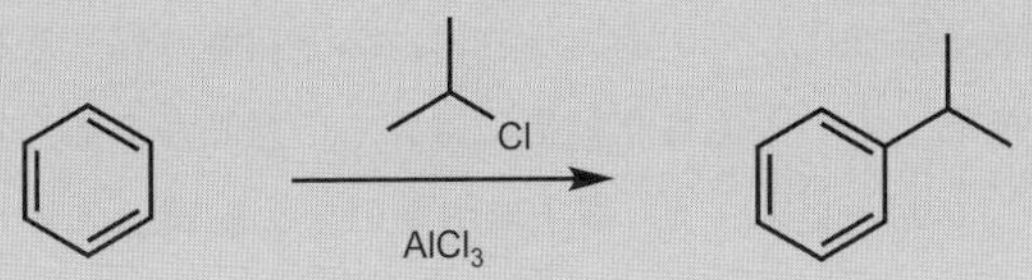

6.2　S_EAr 反応での配向基の効果

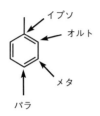

→配向基と活性化効果に関しては以下も参照のこと.

イプソ
オルト
メタ
パラ

配向基とは何か？

　ベンゼン環にいったん何かが置換されると，その置換位置によって反応性は変わる．配向基とは，反応剤が分子上のある特定の位置で反応するように導く官能基である．芳香族求電子置換反応（S_EAr）の場合，置換が進行する場所が環上の他の置換基で決まる．置換基が電子供与性基であれば，電子供与性置換基のオルト位とパラ位が活性化される．置換基が電子求引性基であれば，置換位置はその置換基に対してメタ位となる．

　置換位置に影響を与える官能基のいくつかの例を図 6.2 に示す.

	Me	I	OH	CF_3	NO_2
活性化	されている	されていない	されている	されていない	されていない
σ	EDG	EWG	EWG	EWG	EWG
π	なし	EDG	EDG	なし	EWG
官能基化された位置	o/p（立体的に p が優先）	o/p	o/p	m	m

図 6.2　いくつかの一般的な置換基の配向効果．EWG は「電子求引性基（electron withdrawing group）」を意味し，EDG は「電子供与性基（electron donating group）」を意味する．

例題 6.2A

　次の分子が芳香族求電子置換反応を受ける位置を示せ.

NO_2　　　　OH

→誘起的とは σ 結合を介した電子の供与/求引を意味し，メソメリー的とは π 結合を介した電子の供与/求引を意味する．これは 1 章 1.6 節と 1.8 節で触れている．

→ニトロ基は次に示すように書く.

$\overset{\ominus}{O}\overset{\oplus}{\underset{}{N}}{=}O$

よく試験で間違って書いてしまうので，この書き方を身につけることは重要である！

解き方

　最初の例であるニトロベンゼンについて考えれば，ニトロ基が σ 結合と π 結合，両者を通じて（それぞれ誘起的およびメソメリー的に）強くベンゼン環を不活性化している．それは，ニトロ基が電子を引きつけているからである．この不活性化効果には二つの意味がある．第一に，ニトロ基のメソメリー的な（π）電子求引性のため，環上のオルト位とパラ位の電子密度がより小さく，それゆえ電子はメタ位に優先的に付加する．第二にウィーランド中間体の共鳴構造を考えるうえで，正電荷が存

在する可能性のある位置を考える必要がある.

　求電子剤がニトロ基のパラ位に付加する経路Aをたどるなら,ニトロ基のすぐ隣の炭素上に正電荷をもつ共鳴形が存在することになるが,これはきわめて好ましくない相互作用である.求電子剤がニトロ基のオルト位に付加するならば,これも同様である.しかし,求電子剤がニトロ基のメタ位に付加するならば(経路B),生成した正電荷はニトロ基のすぐ隣に存在することはなく,それゆえ中間体はずっと安定である.これらの効果(ニトロ基の電子求引性,および,より安定なカルボカチオン中間体)により,メタ生成物の形成に有利な方向に導かれる.

経路A

経路B

正電荷がニトロ基に隣接しているときは非常に不安定

メタ置換:唯一の生成物

　考慮すべき二つ目の例はフェノールである.フェノールでは,OHが酸素の電気陰性度(誘起効果)のためσ結合を通じて電子を求引しているが,一方でπ結合を通じて電子を供与している(メソメリー効果).そのうち,主要な効果はπ電子の供与であるのでOH基は活性化基と考えられる.最初の例のように,考慮すべき点は二つある.第一に,OH基の電子を供与する性質はオルト位とパラ位がメタ位に比べて電子豊富なので,オルト位とパラ位が求電子剤に攻撃されやすい.

　第二に中間体であるカルボカチオン種も考慮する必要がある.メタ位もしくはパラ位の求電子剤への攻撃は,両者とも共鳴により環に沿って正電荷が移動して安定化されているので,妥当である.したがって,さらに詳しくその可能性を検討する必要がある.もし経路Aをたどる,すなわち求電子剤がOH基のメタ位を攻撃するなら,より有利な相互作用と考えられる酸素の隣接位に正電荷は決して存在しえない.しかし,経路B,すなわち正電荷が酸素の隣接位に存在するような経路をたどるならば,図示したように,酸素の孤立電子対のうち1組が,π共鳴によって正電荷を安定化するのに用いられる.フェノールがオルト位を攻撃する場合も同様である.全体として,求電子剤のフェノールへの付加は,フェノールのオルト位もしくはパラ位のどちらかで起こる.

共鳴を思い起こすには,1章1.8節を見よ.

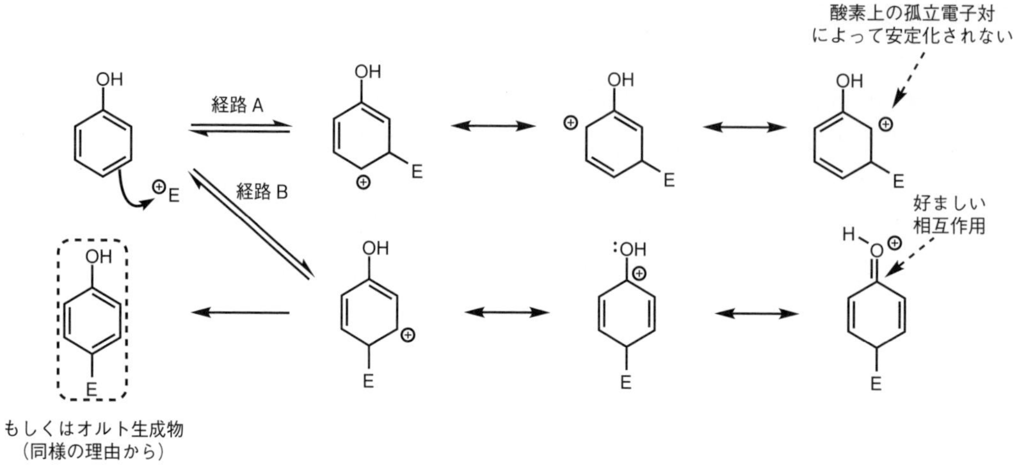

酸素上の孤立電子対
によって安定化されない

好ましい
相互作用

もしくはオルト生成物
（同様の理由から）

経路 A

経路 B

例題 6.2B

次の反応の反応機構を示せ．2種類の生成物について説明せよ．

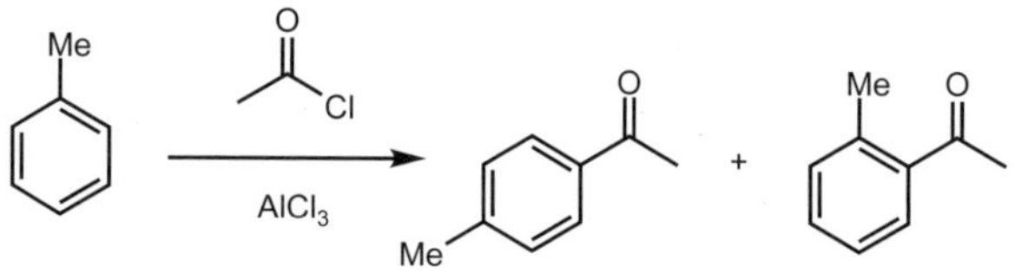

解き方

この設問に対して，反応機構を決定するのに有用な次の三つのヒントがある．

1. $AlCl_3$ と塩化アシルの両者がある．これらはどちらもフリーデル–クラフツ反応に必要な反応剤である．このことは S_EAr 機構であることを示唆している．

2. メチル基は電子供与性基なので，ベンゼン環は電子豊富である．これは S_EAr 機構のもう一つの証拠となる．

3. 2種類の生成物があり，一つはアシル基がメチル基に対してオルト位に付加し，もう一つはアシル基がパラ位に付加している．この最後の証拠は S_EAr 反応経路をたどることを示唆している．

塩化アセチルには，何の補助剤もなく S_EAr 反応を進行させるほど十分な求電子性はない．この場合，$AlCl_3$ は塩素に配位してアシリウムイオンを生成することで原料を活性化する．このアシリウム種は芳香環と反応するのに十分な求電子性をもつ．

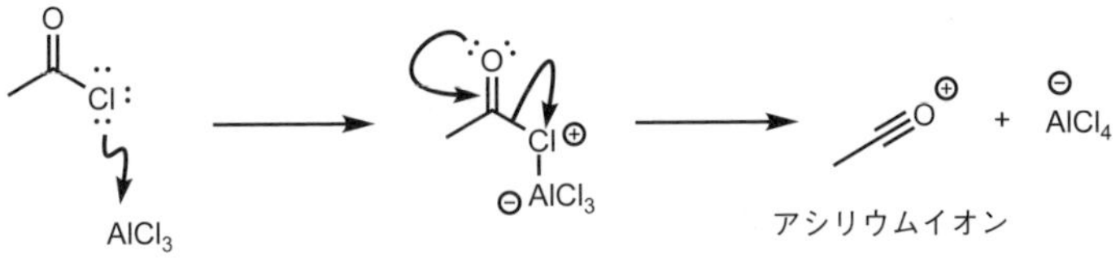

アシリウムイオン

　2種類の生成物ができるのは，メチル基が電子供与性であり，立体効果を無視するならば，環はメチル基に対してオルト位もしくはパラ位のどちらもアシル化されるからである．芳香環の攻撃によってウィーランドカチオンが生成すると，安定化相互作用でメチル基に隣接した炭素上にカチオンができる．この場合，比率が明記されていないのでオルト生成物もパラ生成物も同じ確率で生成すると予想できる．

超共役と誘起効果のため，オルト位とパラ位はわずかに負電荷をもつと考えるとこれがヒントになるときもある．

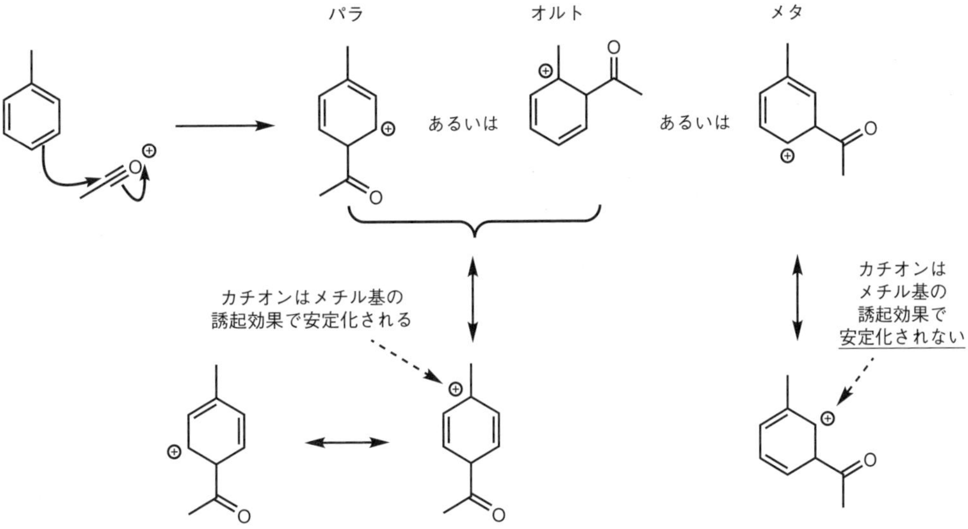

パラ　　　オルト　　　メタ

あるいは　　あるいは

カチオンはメチル基の誘起効果で安定化される

カチオンはメチル基の誘起効果で安定化されない

❓ 問題6.4

　次の例で，環上で置換されるブロモ基の数に違いが生じる理由を示せ．

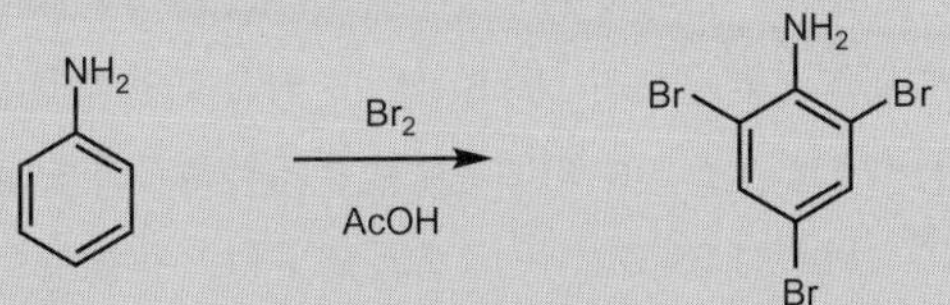

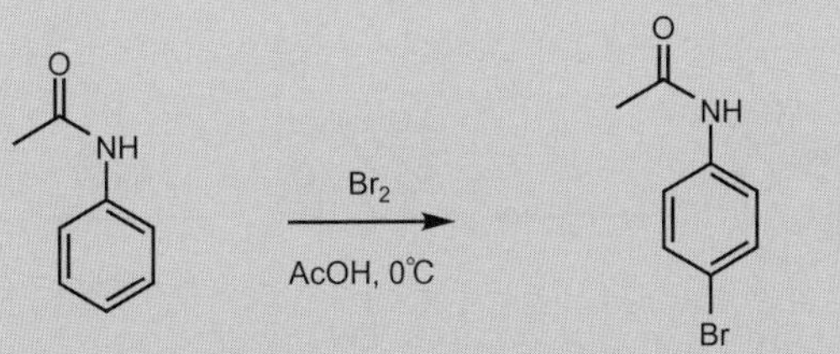

▶**ヒント**　メソメリー効果と誘起効果を考えよ．

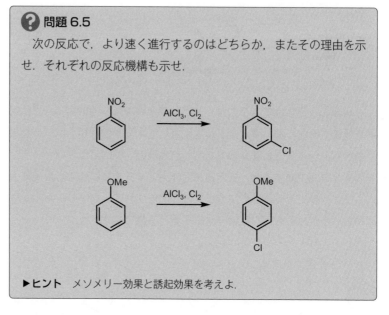

問題 6.5

次の反応で，より速く進行するのはどちらか，またその理由を示せ．それぞれの反応機構も示せ．

▶ヒント　メソメリー効果と誘起効果を考えよ．

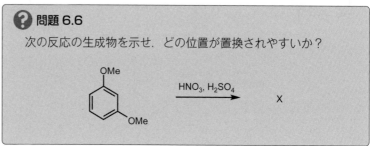

問題 6.6

次の反応の生成物を示せ．どの位置が置換されやすいか？

6.3　芳香族求核置換反応

芳香族求核置換反応とは何か

➡ 求核剤を思い起こすには，3章 3.1 節を見よ．

芳香族求核置換反応（$S_N Ar$）は芳香環上の基が求核剤に置換される反応である．これは芳香族求電子置換反応とは逆に，環が求核剤ではなく求電子剤として働く．この反応では芳香環を攻撃してアニオンを生成するような求核剤が必要となる（図 6.3）．それゆえ芳香環は，求核剤によって攻撃されやすく，かつ中間体で生成する負電荷が安定化されるぐらい電子不足でなければならない．この反応では，官能基もしくは置換される原子は優れた脱離基（LG）でなければならない．H はめったに置

➡ 優れた脱離基となる要因に関して思い起こすには，3章 3.4 節を見よ．

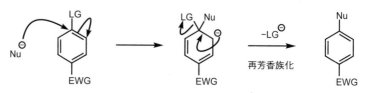

図 6.3　芳香族求核置換反応の反応機構

換されない．一般的な脱離基は F，Cl，Br，I である．重要なのは，こ
の型の反応と S_N2 置換反応とを混同しないことである．S_N2 置換反応は
sp^2 炭素上では起こりえず，S_NAr 反応は付加–脱離機構の経路をたどる．

　前述したように，芳香環が電子不足であり，結果として生じる脱離基
（LG）アニオンが安定化されるとき，この反応は最も速く進行する．図
6.4 のように反応を考えるのなら，芳香環は電子不足であり塩素原子は
優れた脱離基であるから，最初の予想では実現可能なようにみえる．し
かし，この反応は簡単には実現しない．それは生成したアニオンがニト
ロ基で安定化されないからである．すなわち，生成したアニオンが直接
ニトロ基に隣接する炭素原子上に生成できないからである．

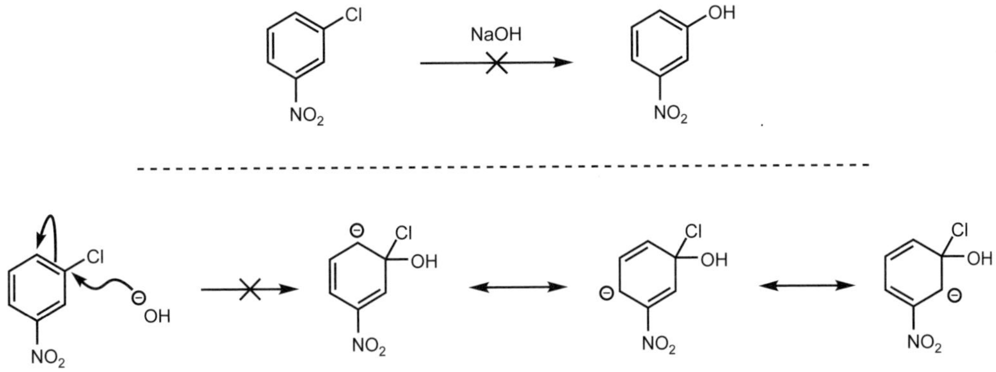

図 6.4　うまくいかない S_NAr

例題 6.3A

　次の反応の反応機構を書け．

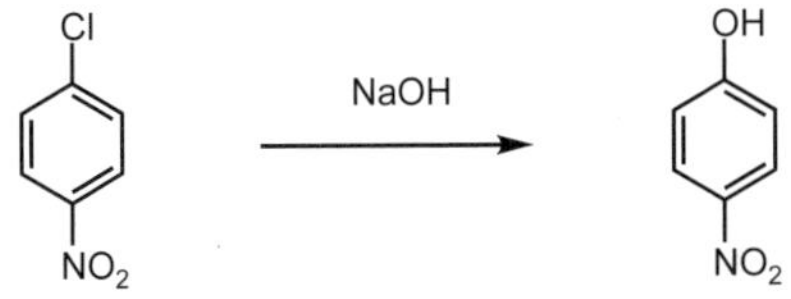

解き方

　この例でも環上にはクロロ基とニトロ基がある．まず，どちらが置換
されるか考えてみる．この例では，クロロ基がニトロ基よりも優れた脱
離基であると期待される．次に置換基間の関係を考える．ニトロ基は置
換されるクロロ基のパラ位にある．中間体で生じる負電荷がニトロ基上
で共鳴安定化されて反応が進行するという理由から，両置換基がパラ位
にあることは有利である．

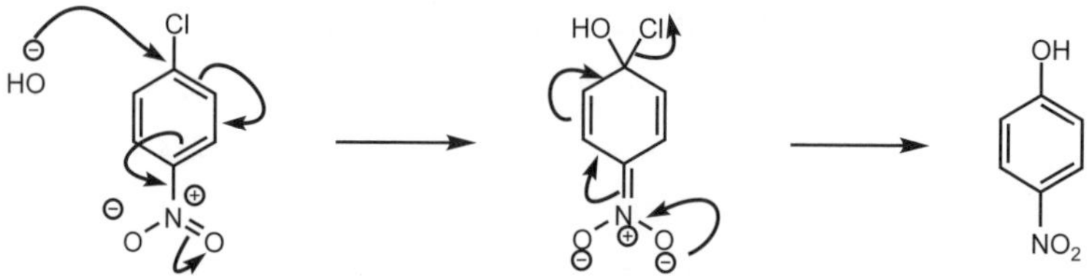

例題 6.3B

次の反応は起こりそうか？

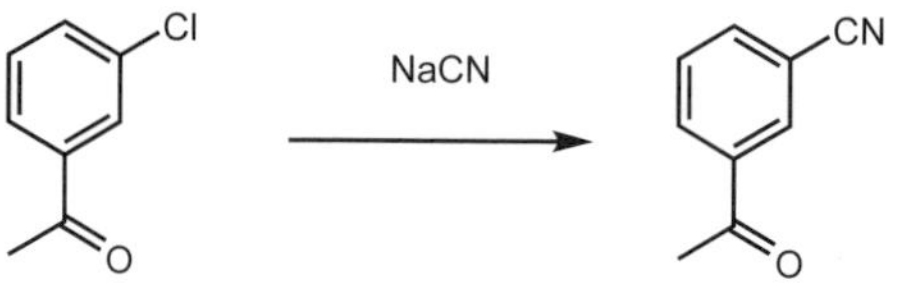

解き方

　最初に確認すべきなのは環上の置換基で，この場合，クロロ基とケトンがある．クロロ基は優れた脱離基なので置換可能であり，ケトンは電子求引性なので環は電子不足になる．ここまでは，S_NAr 反応に必要な条件は満たしている．次の段階は，脱離基と電子求引性基（EWG）間の関係である．求核剤が環を攻撃すると，アニオンが生成する．しかし，このアニオンはケトンによって共鳴安定化されない．したがって，この反応は起こりそうもない．

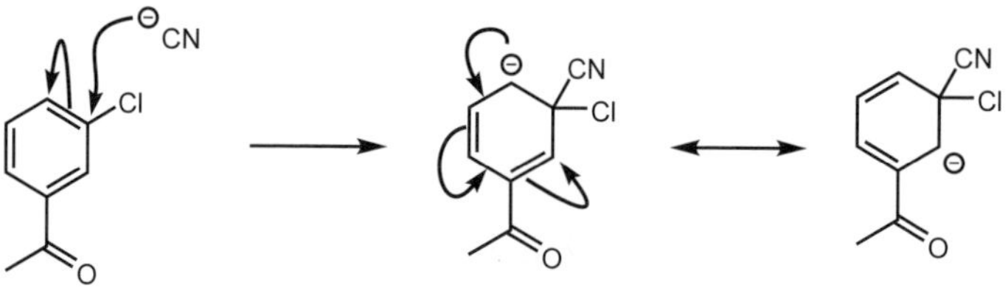

? 問題 6.7

　次の反応の反応機構を示せ．なぜ，2当量のアミンが必要なのか．

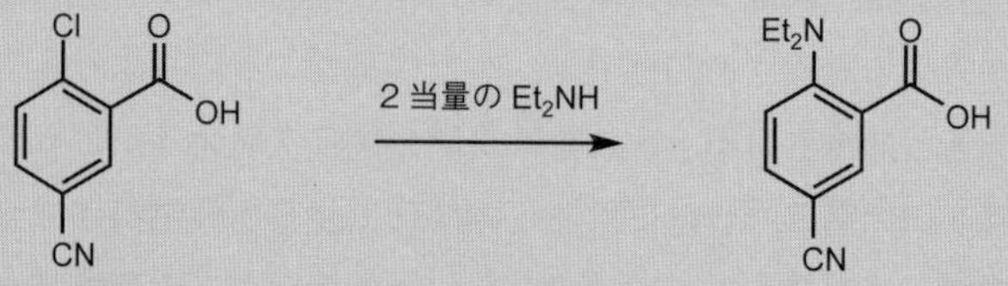

▶**ヒント**　pK_a を考えよ！

Something

問題 6.8

次の反応で，クロロ基が一つだけ置換される理由を示せ.

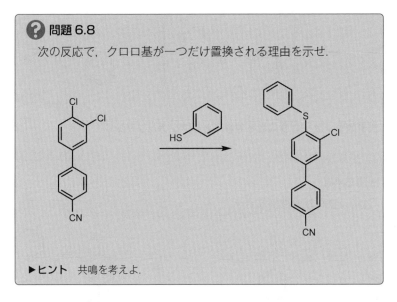

▶ヒント　共鳴を考えよ.

問題 6.9

次の反応の反応機構を示せ.

6.4　アゾカップリング

アゾカップリングとは何か

　アゾカップリングは，芳香族ジアゾニウムを含む化合物がもう一つの芳香族化合物と結合する反応である．反応機構はジアゾニウム基（R−N_2^+）へのもう片方の芳香環による攻撃を含む．そのため，求核剤はジアゾニウム種への攻撃ができるぐらい電子豊富でなければならない（図6.5）．生成物のアゾ種はしばしば明るい色を示すアゾ染料として知られており，たとえばメチルオレンジ指示薬がある．

　ここでも芳香族求電子置換反応と同じ法則が適用される．求核剤側の置換基が電子求引性であるか電子供与性であるかは，置換反応が生じる場所に影響する．ジアゾニウム塩は通常，対応するアニリン（芳香族アミン）を亜硝酸（$NaNO_2$/HCl）もしくは亜硝酸ナトリウム（$NaNO_2$）で処理することでつくられる.

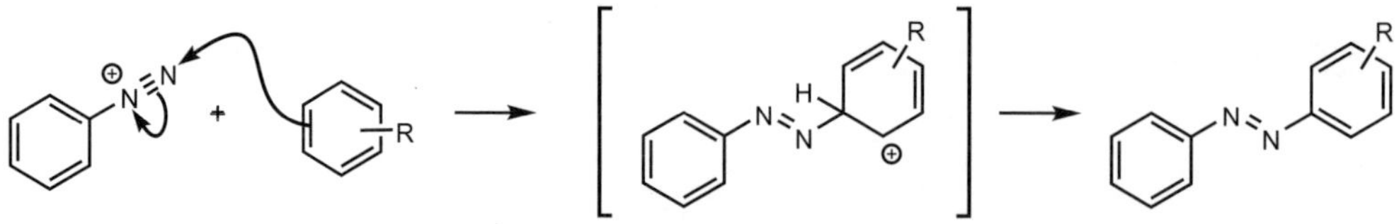

ジアゾニウム種 | アゾ化合物

図 6.5　代表的なジアゾニウム塩と芳香環とのアゾカップリング

例題 6.4A

次の反応の反応機構を示せ.

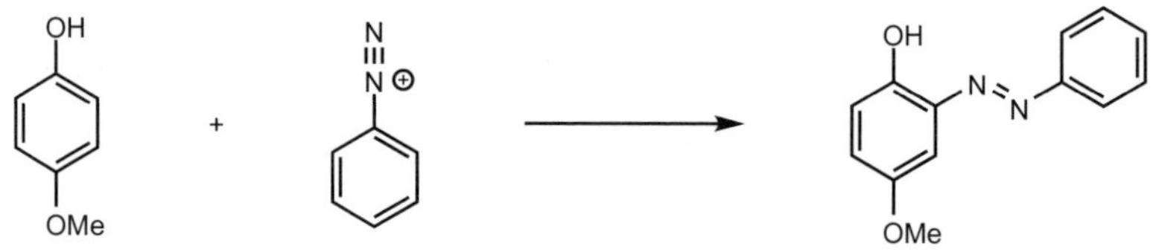

解き方

➜ この例では, OH の誘起性が OMe のそれを凌駕している. この理由はこの演習書の範囲を超える.

　この問題で最初にすべきことは, 芳香環上の官能基を調べ, それらの電子効果を考察する点である. この場合, ヒドロキシ基とメトキシ基がある. 両者ともオルト/パラ配向性である. これらの基は両者とも環を電子豊富にするので, この環が求核剤として働き, アゾ種を攻撃することができる.

　この例では酸素上の孤立電子対が環への電子の押し出しに使われており, オキソニウム中間体が生成する. 次に, この中間体はプロトンを失い, 芳香族性を復活させるため, 非常に有利な過程となる.

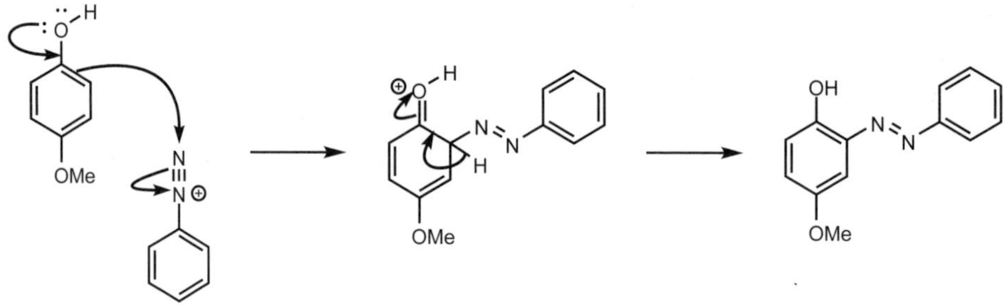

例題 6.4B

次の反応の反応機構を示せ.

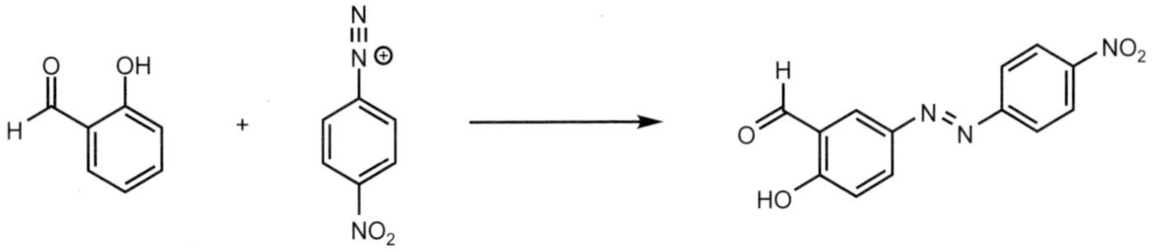

解き方

この例では，再び二つの配向性基が登場する．ヒドロキシ基は電子供与性であるため，オルト位とパラ位が求核攻撃位として活性化される．しかし，アルデヒドは電子求引性基なのでオルト位とパラ位は不活性化されるが，メタ位は影響を受けない．ただし，ヒドロキシ基は非常に強い電子供与性基なので，アルデヒドの不活性化効果を凌駕する．前の例と同様に，酸素の孤立電子対は，環に電子を押し出して求電子剤を攻撃し，オキソニウム中間体を生成するために使われる．次にこの中間体はプロトンを失い，芳香族性を復活させる．OH基はジアゾニウム種の接近を阻むという立体的な理由から，オルト位よりもパラ位で攻撃することが多い.

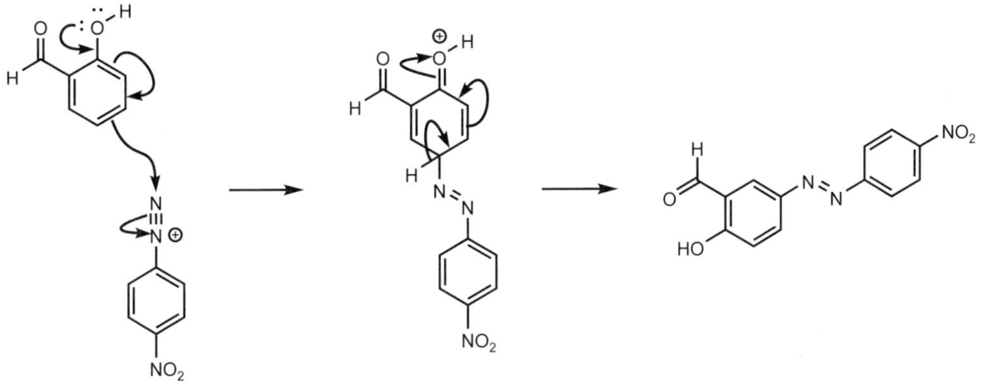

問題 6.10

次の反応の機構を示せ.

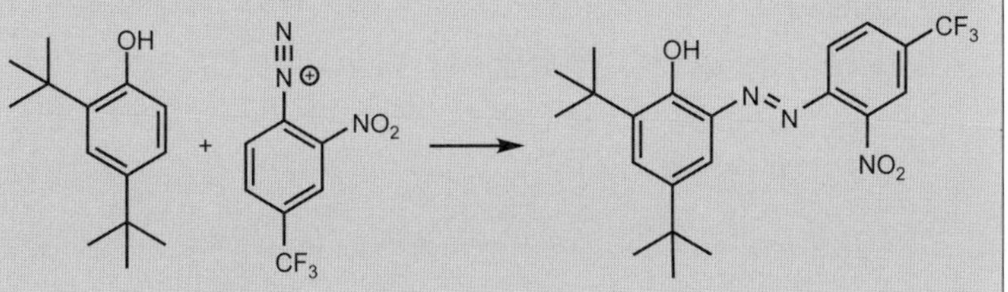

▶ヒント 生成物を見てから考えよ.

問題 6.11

次の反応の反応機構を示せ.

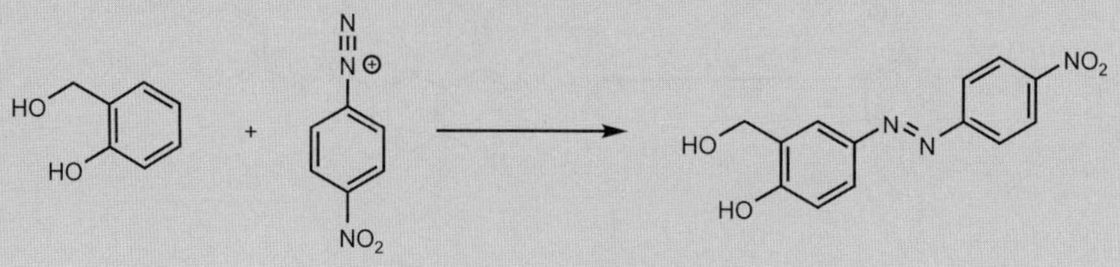

問題 6.12

次の反応の反応機構を示せ. 図で示された位置で置換が生じる理由を述べよ.

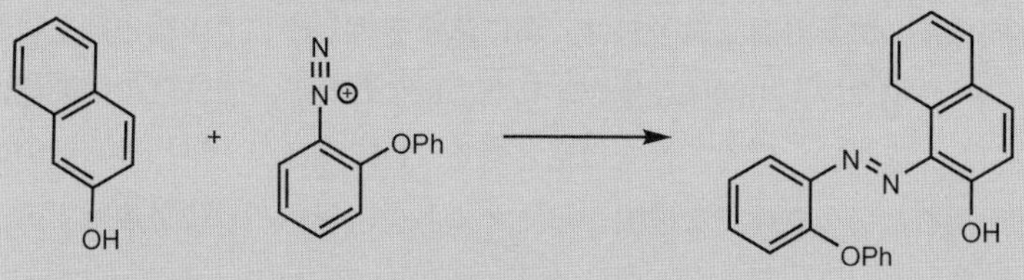

▶ヒント　共鳴を考えよ.

6.5　演習問題

問題 6.13

次の反応から生じる可能な生成物を示し, 機構を述べよ. どの生成物が最も生成しにくいか, 理由とともに示せ.

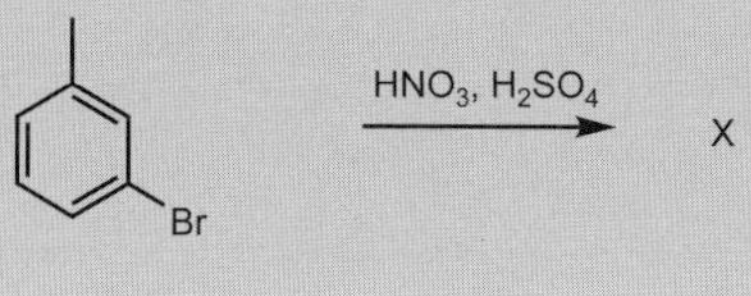

問題 6.14

次の反応は生じるか. その理由を述べよ.

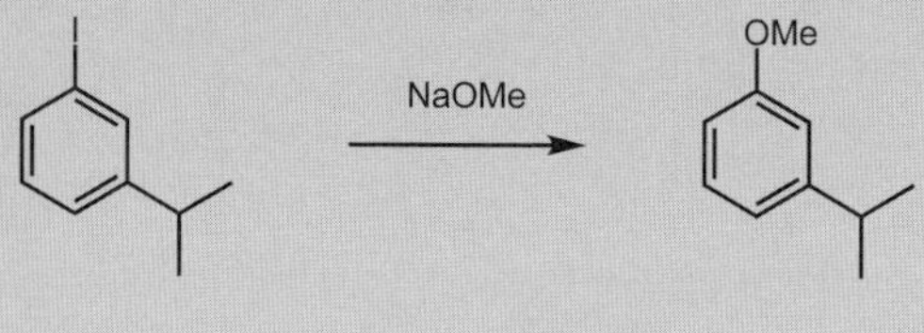

❓ 問題6.15

次の分子はベンゼンから出発して，どのように合成したらよいか.

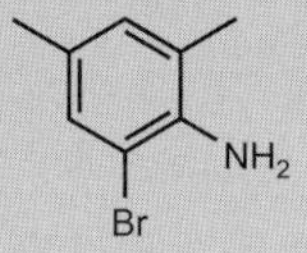

❓ 問題6.16

どちらの合成法がより速く反応が進行するか示せ.

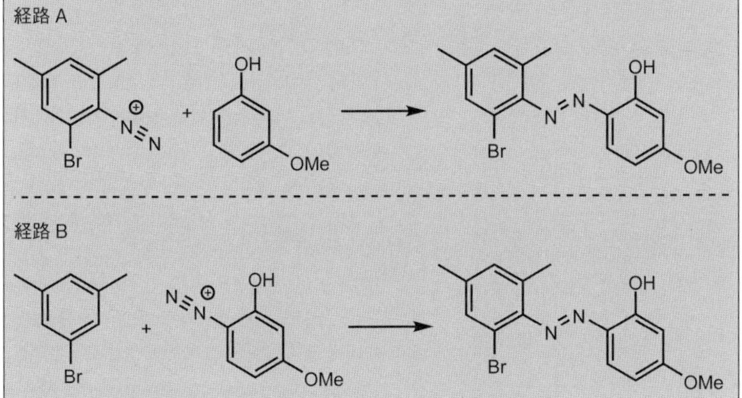

経路 A

経路 B

参考文献

J. Clayden, N. Greeves, S. Warren, *Organic Chemistry*, 2nd edn, Oxford University Press（2012）.

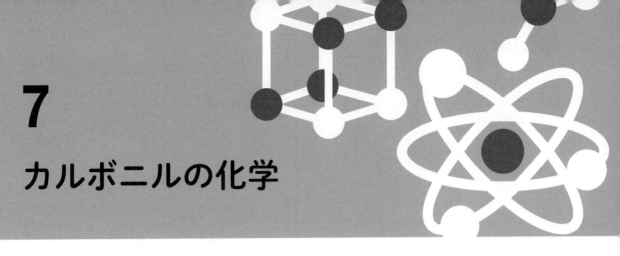

7

カルボニルの化学

7.1 構造と結合

カルボニル基とは何か

カルボニル基とは最も単純に示せば炭素と酸素の二重結合（図7.1）である．二重結合でつながって平面性をもつので炭素，酸素ともに sp^2 混成である．

混成について復習するには1章1.4節を見よ．

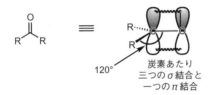

炭素あたり
三つの σ 結合と
一つの π 結合

図7.1 カルボニル基

中性の炭素原子は四つの結合をもたなければならないので，カルボニルの中心炭素原子に結合する他の二つの置換基の性質が，カルボニル基の種類およびその反応性に反映される．

カルボニルを含む官能基はたくさんある．よく見かけるいくつかのカルボニル基を図7.2で示した．

炭素–酸素二重結合の電子構造を考えれば，酸素が電子的に陰性であり，二重結合が酸素に向かって分極しているとわかる．π 結合性軌道の酸素

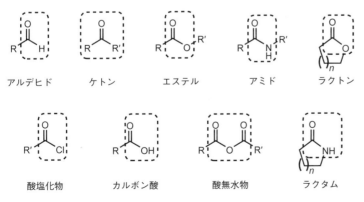

| アルデヒド | ケトン | エステル | アミド | ラクトン |

| 酸塩化物 | カルボン酸 | 酸無水物 | ラクタム |

図7.2 カルボニルを含む官能基

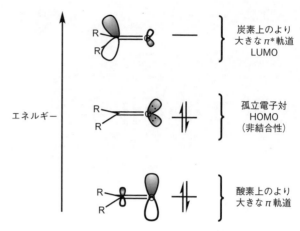

図7.3 カルボニル基の関連する分子軌道

（エネルギー／炭素上のより大きなπ*軌道 LUMO／孤立電子対 HOMO（非結合性）／酸素上のより大きなπ軌道）

→ 結合性と反結合性を復習するには1章1.3節を見よ.

上により大きな軌道係数（すなわち，電子密度がより大きい）がある（図7.3）．反結合性（π*）軌道はその逆，すなわち，より大きな反結合性ローブが炭素上にあると考えるとよい．酸素上の孤立電子対も重要であり，非結合性軌道として知られる．これらはHOMO，すなわち最も利用しやすい電子対であるので，有用である.

カルボニル基の反応性を議論するとき，HOMOとLUMOの軌道を考えることが非常に重要である．求核剤はカルボニル基のπ*軌道（LUMO），すなわち中心炭素原子を攻撃する（図7.4）．そして求電子剤に対しては酸素の孤立電子対（HOMO）が攻撃する.

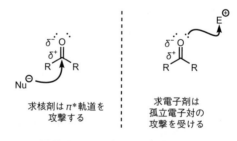

求核剤はπ*軌道を攻撃する ／ 求電子剤は孤立電子対の攻撃を受ける

図7.4 カルボニル基の反応様式

例題 7.1A

次の化合物中のカルボニル基の名称を述べよ.

ムスコン（muscone）　　アスピリン（aspirin）　　アンピシリン（ampicillin）

解き方

　この問いに答えるには，C＝O の炭素を見て，その両側に何が結合しているかを理解する必要がある．ムスコンにはケトンが一つだけある．その中心炭素原子の両側には炭素がある．アスピリンには二つのカルボニル基があり，両方とも一つの酸素と一つの炭素が中心炭素原子の両側に結合している．この場合，他に何が酸素に結合しているかを調べる必要がある．酸素が水素と結合して OH 基をつくっていれば，その官能基はカルボン酸である．酸素がもう一つの炭素原子と結合していれば，その官能基はエステルである．最後に，アンピシリンには三つの C＝O を含む官能基がある．その一つには中心炭素原子に酸素と炭素が結合しており，残り二つには中心炭素原子に炭素と窒素が結合している．1 番目の酸素と結合したカルボニルはそれが OH 基であるのでカルボン酸である．窒素を含むカルボニルは両者ともアミドである．しかし，アミドが環内にあれば，それはラクタムとよばれる．アミドを含む環内に四つの原子があるため，この場合は β-ラクタムである．

> ↱ γ-ラクタム環は全部で 5 原子，δ-ラクタム環は全部で 6 原子を（環内に）もつ．

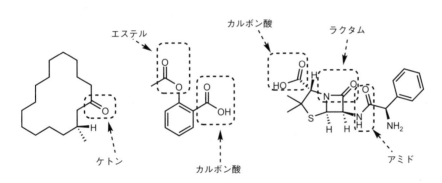

例題 7.1B

　アルデヒド，ケトン，エステル，アミドの構造を比較して，炭素原子上にどれが最も多くの部分正電荷をもつか．その理由とそれが反応性にどう影響するかを答えよ．

解き方

　アルデヒドとケトンは両者とも孤立電子対をもたない原子（C と H）に隣接しており，一方，エステルとアミドでは，隣接原子の一つが孤立電子対をもっている．酸素も窒素もその孤立電子対はカルボニル基に供与されるので，中心炭素原子の電子密度は上昇する．これは，中心炭素原子の δ⁺ 性が弱くなるので，求核剤に対する反応性が落ちていること

を意味している．つまり，アルデヒドとケトンはエステルやアミドよりも反応性が高いと判断できる．

アルデヒドとケトンをさらに詳細に調べると，アルデヒドは炭素と水素に結合しており，ケトンは二つの炭素原子に結合している．このことは，それらの相対的な反応性に大きな違いをもたらす．ケトン上のアルキル鎖は重要である．その理由は，第一に，アルキル鎖は中心炭素原子に向けて電子密度を誘起的に押し出すことができるから（超共役として知られる），第二にアルキル鎖は立体的に大きく，求核剤の侵入を妨げるからである．

誘起効果を復習するには1章1.6節を見よ．

アルデヒドは，誘起効果をもたらすアルキル鎖が一つしかないため，δ^+ 電荷の安定化の度合いはケトンより低く，求核剤に対してより反応性が高くなる．アルデヒドの中心炭素原子はケトンのそれよりも δ^+ 性が少しだけ高い．さらに，Hが一つ，アルキル鎖が一つという立体的なかさ高さは，アルキル鎖二つのものよりも小さい．

ここでエステルとアミドの反応性を比較する必要がある．両者ともに結合するヘテロ原子（OとN）上の孤立電子対があるために，ケトンやアルデヒドよりも反応性が劣る．エステルには隣接位に酸素原子が結合しており，アミドには窒素原子が結合している．両者とも電気的に陰性の元素である．酸素は窒素よりも電気的に陰性なので，カルボニル基に孤立電子対を供与する力は弱い．したがって，アミドはエステルに比べて中心炭素上の δ^+ 電荷が小さい．OとN上の孤立電子対のエネルギー準位を比較すれば，この理由がみてとれる．すなわち，酸素の孤立電子対は酸素原子の電気陰性度のために窒素の孤立電子対よりエネルギー準位が低く，したがって，エネルギー準位の高いC＝O結合の π^* 軌道と重なりの効果が，あまり大きくない．これは，エステルとアミドでは，エステルのほうが反応性は高いことを意味している．

以上から，最終的な反応性の序列は，高い順に

アルデヒド＞ケトン＞エステル＞アミド

となる．

? 問題 7.1

　シクロプロパノン（下記）は求核剤に対して安定か，不安定か，どちらと考えるか？　その自分の考えを支持する根拠も示せ．

▶**ヒント**　結合角を考慮せよ．

? 問題 7.2

　次のカルボニル基のうち，炭素上の部分正電荷はどれが最も強いと考えられるか？　そしてその理由は？

▶**ヒント**　誘起効果を考慮せよ．

? 問題 7.3

　通常，エステル基は次のように，C−C と O−C 結合を互いに平行に並べて書く．エステル基を書くとき，これが正しい書き方である理由を四つ示せ．

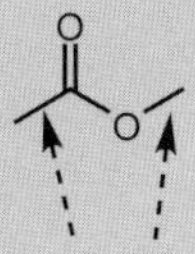

互いに平行に並ぶ

7.2　求核剤との反応

求核剤はどこで反応するか

　この章で先に議論したように（図 7.3），カルボニル基は π 結合性軌道の酸素原子上に，より大きな軌道係数をもつ．反結合性軌道 π* を考えると，その逆になる．すなわち，より大きな反結合性軌道のローブが炭素上にあるということである．酸素上の孤立電子対は HOMO であり，π* 反結合性軌道は LUMO である．これら HOMO と LUMO は，求核剤および求電子剤としてカルボニル基の反応性を考えるうえで，最も重要な軌道である．

　求核剤は，負電荷もしくは容易に供与できる電子対のどちらかをもっている．求核剤が反応するのは，常に最低空軌道である LUMO である（図 7.5）．カルボニル基の場合は，最低空軌道が π* であり，それは炭素上に最も大きな軌道係数をもつ．カルボニル基がいったん求核攻撃を受けると，中心炭素の混成が sp^2 から sp^3 に変化し，それゆえ形状が平面三角形から四面体型に変化する．求核剤の攻撃角度は C=O 結合に関して 107° であり，π* 軌道の向きに対応している．この角度はビュルギ-ダニッツ（Bürgi-Dunitz）の角度もしくはビュルギ-ダニッツ軌道（trajectory）として知られる.

🡆 本書で学んだ他の化学と同様に，脱離基の脱離能は親酸（訳者註：脱離基がプロトン化した酸）の pK_a に関係している．さらに学ぶには，3 章 3.4 節を見よ.

　カルボニル上に脱離基（たとえば Cl）があれば，求核付加で生成したアニオン性酸素は脱離基を脱離させ，C=O 結合を再形成できる．そうすると，sp^2 混成炭素が再生する（図 7.6）．これが最終生成物のこともある．もしくは反応条件によっては，新たに生成するカルボニル基が，さらに別の求核剤と反応する可能性もある.

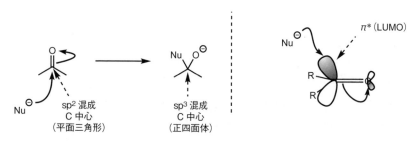

図 7.5　求核剤反応の一般式

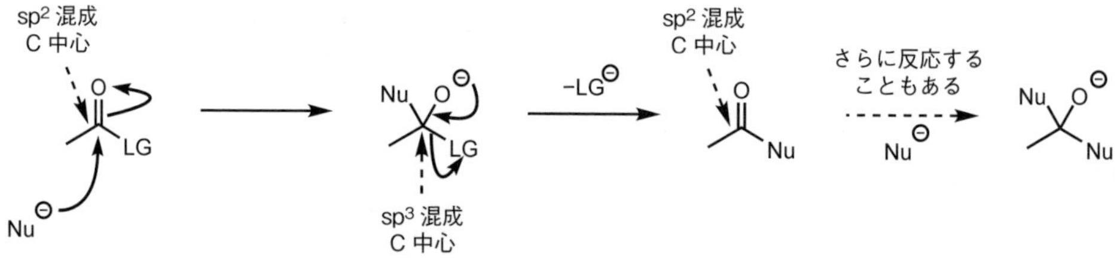

図 7.6　脱離基をもつ求電子剤と求核剤の反応

　もう一つの例として，求核剤が C=O を攻撃したあとでもまだ未反応の電子対をもっている場合，この電子対は水の脱離に利用できる（図 7.7）．通常，このようなことをする求核剤の元素部分は酸素原子であり，求核攻撃ののち，さらに反応を進ませるオキソニウム種が生成する．窒素もしかりであり，図示したようなイミンあるいはエナミンが生成する．通常，これらの反応は酸触媒を必要とする.

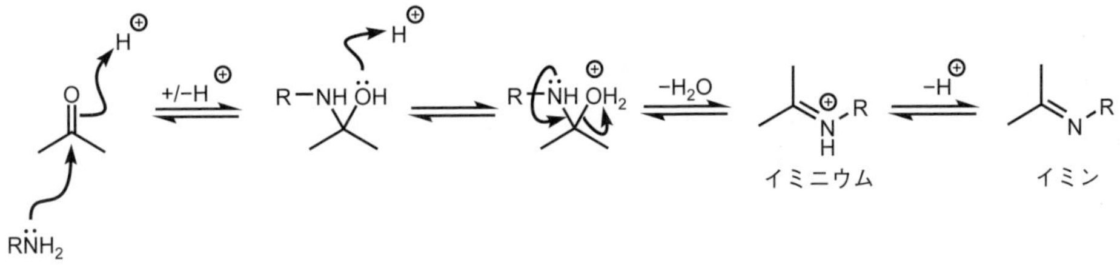

図7.7 水の脱離によるイミンの形成

例題 7.2A

次の反応の反応機構を示せ.

解き方

この問題を解答する鍵は，まず求核剤を特定し，次にそれを求電子剤（LUMO，$C=O\pi^*$）の攻撃に使う点である．NaCN（シアン化ナトリウム）はナトリウムカチオンとシアン化物イオンとして存在するイオン性固体である．シアン化物イオンは求核剤として働く．それはシアン化物イオンが独立した負電荷をもち，$C=O\pi^*$を攻撃し，後処理でクエンチ†するとシアノヒドリンとなり，四面体オキシアニオンを生成するからである．

†訳者註：

クエンチ：反応剤を失活させて反応の進行を止めること．この場合，酸を加えて$\overset{\ominus}{CN}$基の求刻性をなくすとともにオキシアニオンをヒドロキシ基に変換する．

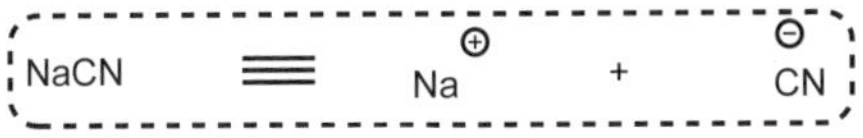

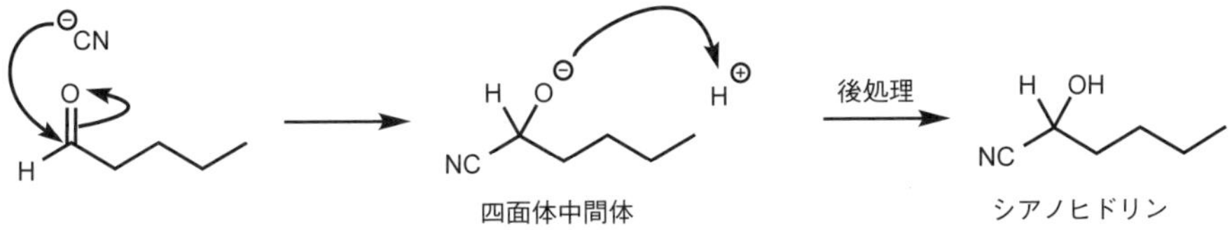

例題 7.2B

次の反応を，少なくとも2当量のエチルマグネシウムブロミドを用いると考えて，その反応機構を示せ．1当量の求核剤だけを用いた場合，中間体Xが単離されない理由を示せ．

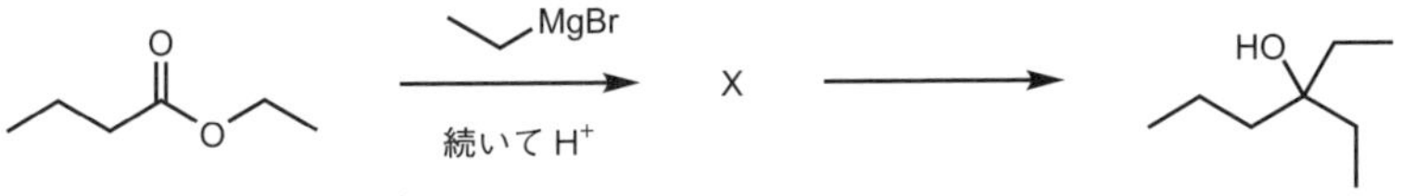

➡️ここで示したような有機マグ
ネシウム種は「グリニャール
（Grignard）反応剤」とよばれ，
とても有用である．学生諸君の履
修コースの後半でより詳しく学ぶ．

➡️脱離する種の pK_{aH} が低いと
きだけ，脱離が可能である．エト
キシドが脱離できるのは，プロト
ン化されたエタノールの pK_a が
おおよそ 17 だからである．しか
し，アルキル鎖が脱離すれば pK_a
が約 48 の脱離種ができることに
なる．脱離基能に関係した pK_a の
まとめは 3 章 3.4 節を見よ．

解き方

　有機マグネシウム種の炭素は負電荷をもつと考えてよい．

　その負電荷をもつ炭素は求核剤であり，C=O 結合のエネルギー準位
の低い π^* 軌道を攻撃し，オキシアニオン（酸素陰イオン）を生成する．
カルボニル炭素上には脱離基（OEt）があるので，生じた負電荷により
エトキシドが脱離し，出発原料のエステルよりも反応性の高いケトンが
生成する（7.1 節を見よ）．このケトンはその有機マグネシウム反応剤
の求核攻撃を受けて，最終物のアルコキシドを生成し，これ以上脱離し
ない．（もし脱離するとしたら）脱離基が，アルコキシドよりも高い
pK_{aH} をもつカルボアニオン種（エトキシドが 17 なのに対し，このカル
ボアニオンは 48）でなければならなくなり，それゆえ非常に不利な工
程となるからである．

　仮に 1 当量の（有機）マグネシウムしか加えなくても，原料のエステ
ルと第三級アルコールとの 1：1 混合物の生成という結果になってしま
うであろう．これは，出発原料のエステルよりもケトン中間体の反応性
が高いので，そのマグネシウム反応剤がエステルよりも素早くケトンと
反応してしまうからである．

優れた脱離基

原料エステルよりも
反応性が高い

❓ 問題 7.4

次の反応の反応機構と生成物を示せ．

▶ヒント　基質の最も反応性の高い部分を考えよ．

問題 7.5

次の反応の反応機構を示せ.

▶**ヒント** 酸は酸素上の孤立電子対に配位するため, カルボニル基はより活性化される. 反応は, 1分子の水を副生成物として放出し, オキソニウムイオン（正電荷をもった酸素）を経て進行する.

問題 7.6

次の反応の反応機構を示せ.

7.3 還元剤との反応

還元剤はどこに反応するか

炭素原子の酸化レベルは, 二酸化炭素からアルカンまでの範囲で多くのさまざまな段階がある（表7.1）. 炭素の酸化レベルは, その飽和度と, その炭素が結合しているヘテロ原子（すなわちCもしくはH以外の原子）の数に関係している.

XがOならば, カルボニル基をもつ化合物の酸化レベルの範囲はとても広い. カルボニル基の反応性が定まっているということは, これらのほとんどの酸化レベルのカルボニル基を合理的かつ容易に入手・利用することができるということである. この節ではカルボニル基を還元する一般的な方法, すなわち中心炭素がもつヘテロ原子との結合の数を減らす方法を学ぶ.

カルボニル基を還元する方法はいろいろあるが, 最も単純なのは, 求核剤として働き, 中心炭素原子に付加するヒドリド H^- 源を使う方法である. いくつかの一般的なヒドリドを含む還元剤には, 水素化ホウ素ナトリウム（$NaBH_4$）, シアノ水素化ホウ素ナトリウム（$NaCNBH_3$）, 水素化アルミニウムリチウム（$LiAlH_4$）がある. 他に, ジイソブチルアルミニウムヒドリド（DIBALH）とボラン（BH_3）を目にすることもあるだろうが, 還元剤と基質もしくは溶媒との反応によってまずヒドリドイオンが生成する必要があるので, これらの反応剤はやや上級向けである.

➔ これらの反応剤と, 還元剤ではなく強塩基の水素化ナトリウム（NaH）とを混同するな.

表7.1 炭素のさまざまな酸化レベル. X はヘテロ原子を示している.

酸化レベル	アルカン	アルコール	アルデヒド	カルボン酸	二酸化炭素
ヘテロ原子との結合の数	0	1	2	3	4

表7.2 さまざまなヒドリドを含む還元剤の一般的な反応性の指針

		反応性が上がる順（右から左へ）				
		アルデヒド	ケトン	エステル	アミド	カルボン酸
反応性が上がる順（上から下へ）	NaCNBH₃	おそらく	おそらく	×	×	×
	NaBH₄	✓	✓	×	×	×
	LiBH₄	✓	✓	✓	✓	✓
	DIBALH	✓	✓	✓	✓	✓
	LiAlH₄	✓	✓	✓	✓	✓

M. B. Smith, March's Advanced Organic Chemistry: Reactions, Mechanisms, and Structure, 7th edn, John Wiley & Sons (2013).

　諸君が使う還元剤はすべて，反応性が少しずつ異なる重要なものばかりである．上記一連の還元剤のなかでは，シアノ水素化ホウ素ナトリウムが最も弱い還元剤で，水素化アルミニウムリチウムが最も強力な還元剤と考えられる．このことは，さまざまな官能基ごとに最適な還元剤があることを意味している（表7.2）．適切なヒドリド源を選べば，他にカルボニル基を含む官能基が共存していても，特定のカルボニル基を含む官能基だけを還元することさえ可能である．

例題 7.3A

次の変換反応の反応機構を示せ.

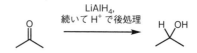

解き方

　水素化アルミニウムリチウム（LiAlH₄）はきわめて反応性の高いヒドリド源である．ヒドリドイオンはカルボニルを攻撃して，還元生成物を与える．そのカルボニル中心炭素の酸化レベルは，アルデヒドの酸化レ

➔これはケトンだが，アルデヒドの酸化レベルと同じである.

ベルからアルコールの酸化レベルへと変化している.

　この例で，よく理解しておかねばならないのは，ヒドリドというものが存在して，それが求核剤とまったく同じように反応することである．それは，C＝Oπ*軌道（LUMO）と反応することができる負電荷（HOMO）をヒドリドがもっているからである．

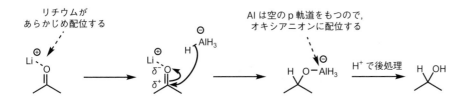

例題 7.3B

　次の変換反応の反応機構を示せ.

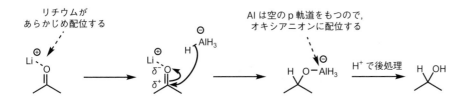

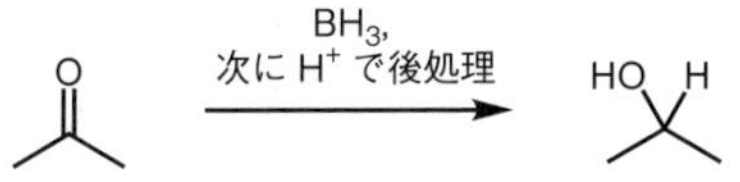

解き方

　H^-としてヒドリドが存在していない場合，たとえば，DIBALHやボラン（BH_3）の場合，ヒドリドが生成されなければならない．基質が還元剤へ配位することで，活性なヒドリドが生成する．この例では，カルボニル基の酸素上の孤立電子対がルイス塩基として働き，ホウ素上の空のp軌道に電子が供与され，活性な還元剤であるボロナート（boronate）が生成する．これで還元に必要なヒドリドが生成し，ヒドリドがカルボニル基に分子内で優先的に受け渡される．さらに，ボロナートの形成によって（ルイス酸として働くことで）カルボニル基は活性化され，そしてその段階で酸素は正電荷をもつのでπ軌道は分極し，さらに容易に還元反応が進行する．酸性での後処理でアルコール生成物ができる．

注意：これはこの反応機構を極力単純化したものである．

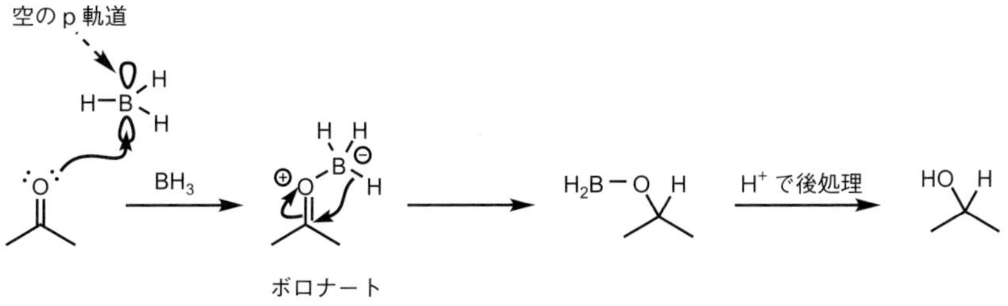

問題 7.7

　次の分子で，どのカルボニル基が NaBH₄ によって最初に還元されるか，理由とともに示せ．

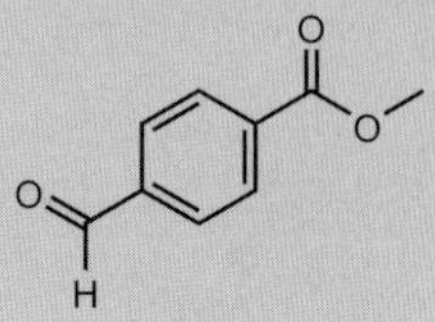

▶**ヒント**　反応中心の電子密度を考えよ．

問題 7.8

　この反応で 1 当量の DIBALH を用いると生成物は何か．反応機構も示せ．

DIBALH（1 当量）
ヘキサン，−78℃
→ X

問題 7.9

　次の反応の反応機構を示せ．

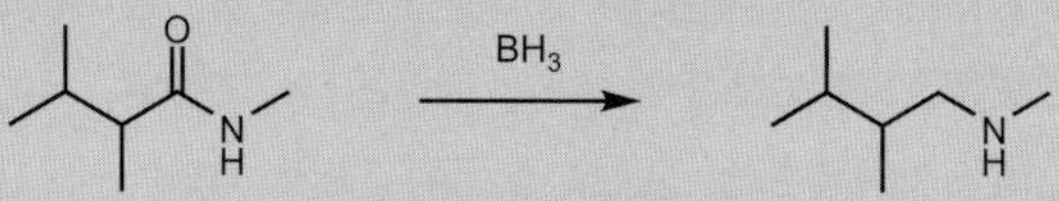

BH₃
→

▶**ヒント**　窒素上の孤立電子対を考えよ．

7.4　カルボン酸

カルボン酸とは何か

⮕pK_a に関する復習は 3 章 3.4
節を見よ．

　カルボン酸はカルボキシ基を含むカルボニル化合物の一種である．末端プロトンはそこそこ酸性で pK_a はおおよそ 5 なので，きわめて簡単にプロトンが脱離する．

　プロトンが脱離し，カルボン酸がその塩になると，**カルボン酸塩**（carboxylate）とよばれる．カルボン酸塩はあまり優れた求核剤ではない．それは負電荷が三つの原子に広がり拡散しているからである（図 7.8）．

どのように合成するか？

　カルボン酸はさまざまな方法で合成できる．最も一般的な方法はエス

テルの加水分解，アミドの加水分解，および第一級アルコールの酸化である.

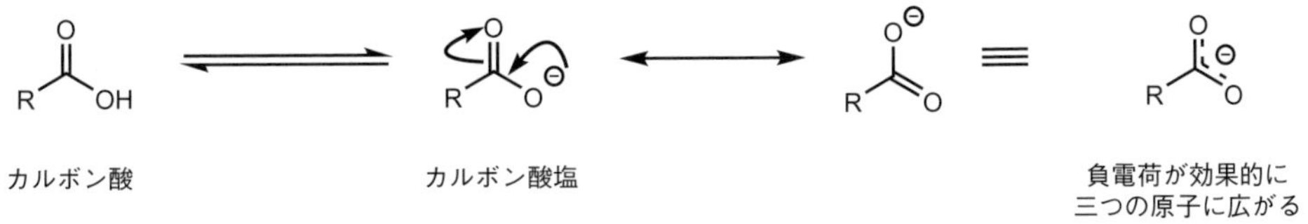

図7.8　カルボン酸塩の共鳴構造

カルボン酸はどのように反応するか？

カルボン酸はかなり用途が広く，他のさまざまな官能基を合成するのに利用される．カルボン酸はエステルや酸塩化物，アルコールに変換できるし，また，炭素をアルキル化することも可能なので分枝型カルボン酸を合成できる.

➜ 還元反応の復習は7.3節を見よ.

例題 7.4A

次の反応の反応機構を示せ.

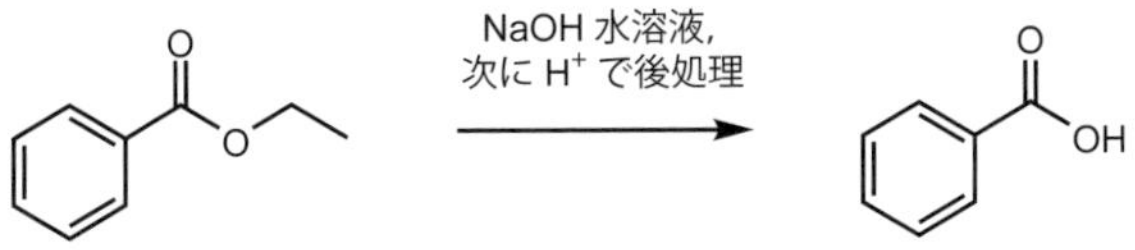

解き方

水酸化ナトリウムはイオン性化合物で，水溶液中ではナトリウムイオン（カチオン）と水酸化物イオン（アニオン）として存在する．水酸化物イオンは十分な求核性をもつので，δ^+ 性であるエステルのカルボニル炭素に攻撃して次頁の四面体中間体を生成する．四面体中間体ができると，そのアニオンはエトキシドを脱離させて，sp^2 カルボニル基を再生させる．カルボン酸ではなくカルボン酸塩として書かれているのは，水酸化物イオンの pK_a が 15，カルボン酸 pK_a が 5 であるため，水酸化物イオンはカルボン酸が生成すると同時にプロトンを引き抜いて，より安定なアニオンを生成するからである．強酸，たとえば HCl で後処理をしてはじめてカルボン酸はプロトン化され，所望のカルボン酸生成物を与える.

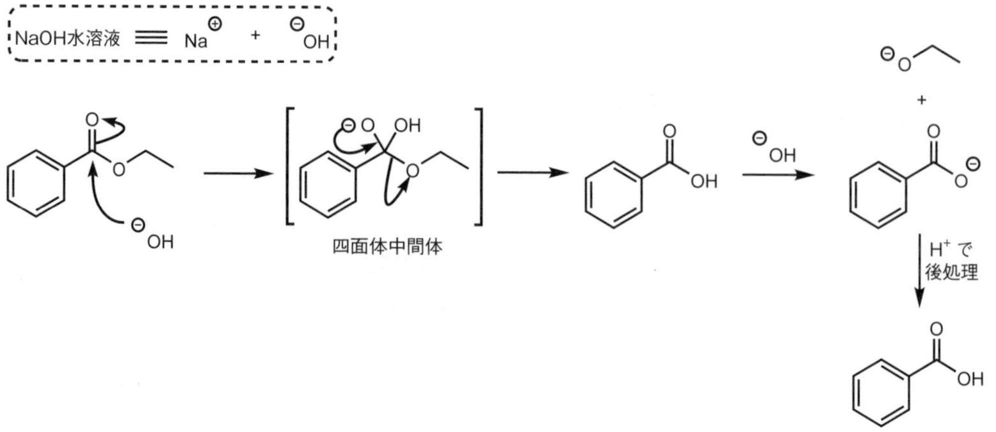

NaOH水溶液 ≡ Na⊕ + ⊖OH

四面体中間体

H⁺で
後処理

例題 7.4B

次の反応の機構を示せ.

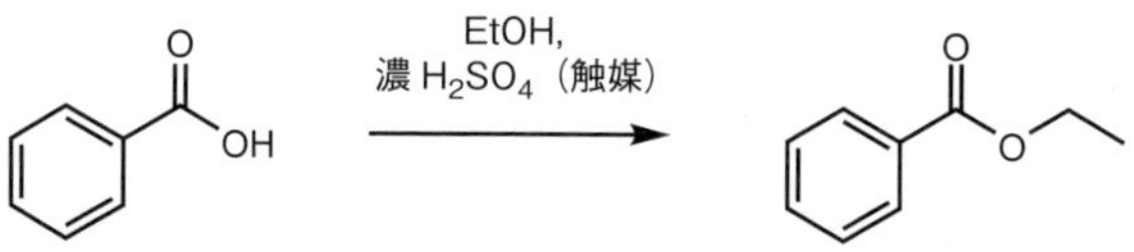

EtOH,
濃 H₂SO₄（触媒）

解き方

➡ この反応は酸性条件で行われ
るので，水酸化物イオン（HO⁻）
が脱離するような状況にはならな
い. 水として脱離しなければなら
ない.

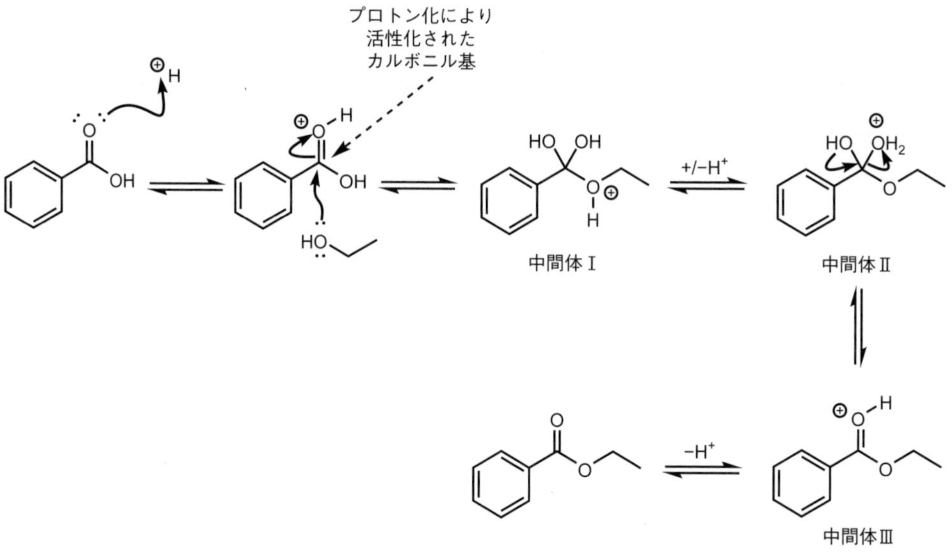

　この反応はフィッシャー（Fischer）エステル合成として知られていて，
一つ前で議論した反応例の逆の反応である. 最初の段階はカルボニル基
のプロトン化である. これによりカルボニル基がもっと大きく分極し，
炭素上の δ⁺ 電荷が強められて活性化する. 次にエタノールがカルボニ
ル基を攻撃して中間体Iが生成する. プロトン交換して新たなオキソニ

プロトン化により
活性化された
カルボニル基

+/−H⁺

中間体 I

中間体 II

−H⁺

中間体 III

ウムイオンが生成して中間体IIが生成し，ここから水が脱離する．最後に，中間体IIIの脱プロトン化により生成物へと導かれる．すべての反応段階は可逆的であるため，すべての系が平衡である点に注意すべきである．

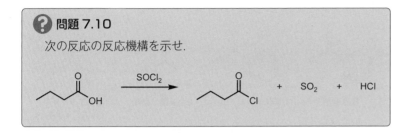

❓ **問題 7.10**

次の反応の反応機構を示せ．

❓ **問題 7.11**

次の反応の反応機構を示せ．

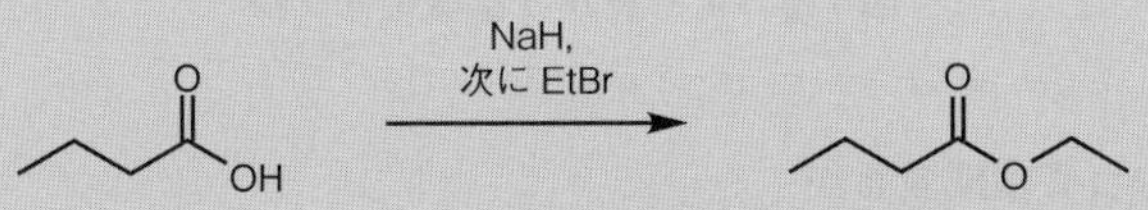

▶**ヒント** NaH は何か？

❓ **問題 7.12**

次の反応の反応機構を示せ．アミドの加水分解はエステルの加水分解よりも容易か，難しいか．その理由も述べよ．

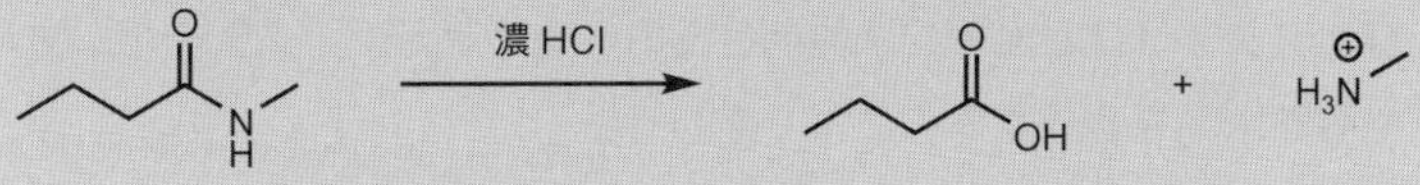

▶**ヒント** 電気陰性度を考えよ．

7.5　塩化アシル

塩化アシルとは何か？

塩化アシルはカルボニル化合物の一種であり，中心のカルボニル炭素は塩素原子ともう一つの炭素に結合している．塩化アシルはきわめて反応性に富み，他のさまざまな官能基を生成するのに用いられる．塩化アシルは非常に加水分解されやすく，対応するカルボン酸となる．これは，塩素原子が電気的に陰性で電子を引き寄せてカルボニル炭素原子の δ^+ 性を高めるからである．塩素はまた優れた脱離基でもあり，塩化物イオン（Cl^-）を放出する．塩素の孤立電子対とカルボニルの π^* 軌道とのあいだの重なりは大きくない．軌道の大きさがかなり違うので，共鳴がそれほど重要でないからである．臭化アシルもあるが，きわめて反応性が

→ 最も長いアルキル鎖から分枝を命名するときは C=O 炭素が C1 である.

高いのであまり使われていない.

　塩化アシルの命名法はカルボン酸の命名法と似ている. たとえば, 安息香酸の塩化アシルは塩化ベンゾイルであり, エタン酸（酢酸）のそれは塩化エタノイル（塩化アセチル）である（図 7.9）. 置換基があれば, カルボニル炭素が C1 となる.

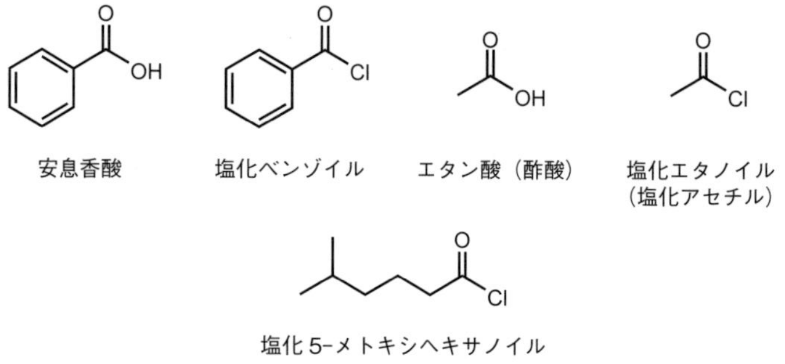

| 安息香酸 | 塩化ベンゾイル | エタン酸（酢酸） | 塩化エタノイル（塩化アセチル） |

塩化 5-メトキシヘキサノイル

図 7.9　よく見かける塩化アシル

どうやって合成するか

　塩化アシルは対応するカルボン酸から合成するのが最も一般的である. 多くの場合, $SOCl_2$ や塩化オキサリル $[(COCl)_2]$, PCl_5 を使う. 他の反応剤でもよく, たとえば, ゴセズ（Ghosez）反応剤（1-クロロ-N,N,2-トリメチル-1-プロペニルアミン）もあるが, 本書の範囲を超える.

どのように反応するか

　塩化アシルはほとんどの求核剤と反応する. ケトン, エステル, アミドや酸無水物を合成するのによく使われる.

[例題 7.5A]

　次の反応の反応機構を示せ.

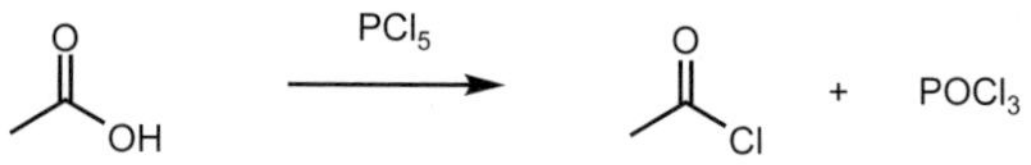

解き方

　PCl_5（五塩化リン）はこの変換反応では一般的な反応剤である. 三方両錐形構造なので, 中心のリンは容易に攻撃を受け, オキソニウム中間体（正電荷をもつ酸素）を生成する. これは塩化物イオンにより攻撃を受ける. 最後に, その四面体中間体が開裂して塩化ホスホリルと塩化アシルが脱離する. この反応の駆動力は, きわめて強力な P=O 結合の形成である.

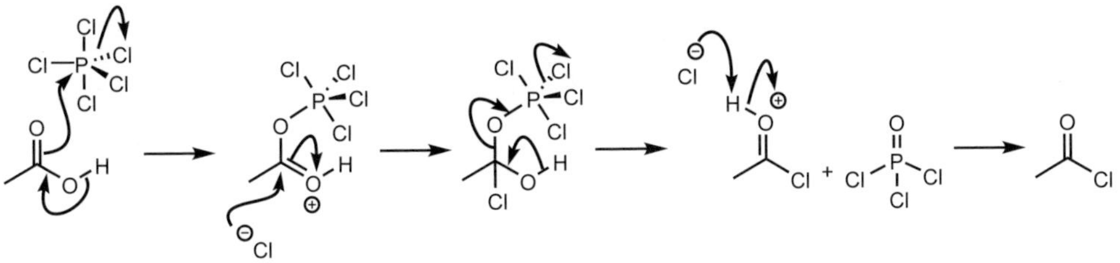

例題 7.5B

次の反応の反応機構を示せ.

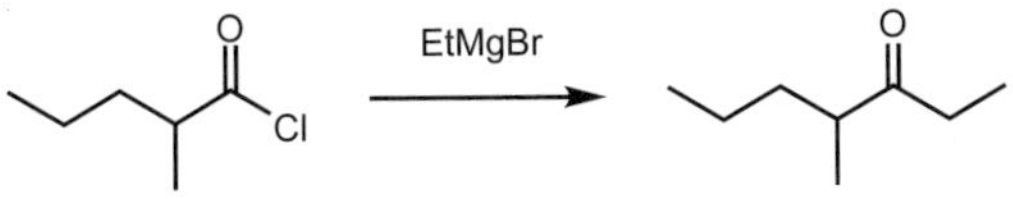

解き方

グリニャール反応剤は優れた求核剤であり，塩化アシルを速やかに攻撃する．生成物のケトンが出発原料に比べてはるかに反応性が低いため，付加が進みすぎて第三級アルコールが生成することを心配する必要はない.

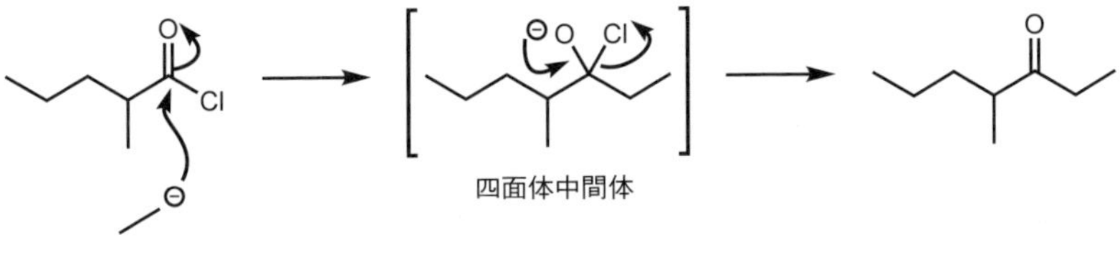

四面体中間体

❓ 問題 7.13

次の反応の反応機構を示せ.

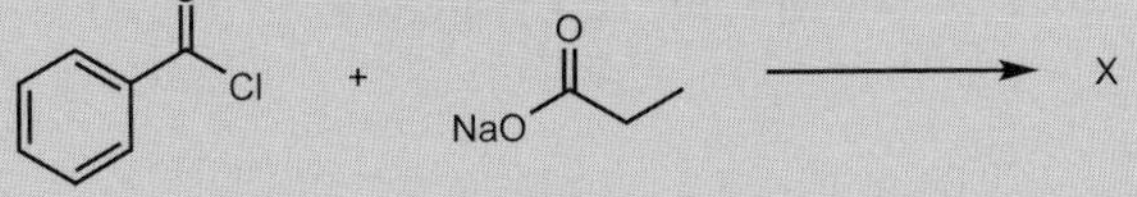

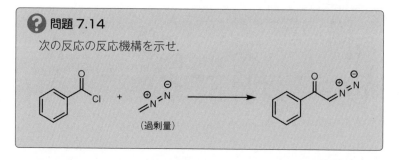

? 問題 7.14

次の反応の反応機構を示せ.

（過剰量）

? 問題 7.15

次の反応の主生成物とその反応機構を示せ.

7.6 エステル

エステルとは何か

　エステルはカルボニルを含む化合物の一種であり，中心炭素に二つの酸素原子と一つの炭素原子が結合している（図7.10）. エステルは，通常よい香りがするので，香料産業界では重要な化合物である. たとえば，ブタン酸ブチル（酪酸ブチル）はナシのキャンディーのような香りがする. エステルに関して注意すべき重要なことは，その命名法である. その名前は二つの部分からなる. O に結合しているアルキル鎖を最初に命名し，次に，（次に示した）カルボニル基を含めて左側部分を命名する.

ブチル

ブタン酸
（butanoate）

図 7.10　エステルの命名

エステルの合成法

　エステルはさまざまな方法でつくることができる. しかし，最もよく見るのはアルコールと塩化アシル，カルボン酸（7.4節を見よ）もしくは酸無水物との反応である. エステルをつくる方法で問題に直面したら，C−O 単結合で分子を半分に切断して何が最も適切な出発原料かを考えることが最もよい解決法である（図7.11）.

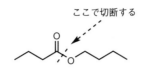

ここで切断する

図7.11 エステル結合の切断

塩化アシルとアルコールからエステルを合成するには，通常，弱塩基を必要とするが，それには二つの理由がある．一つは，望まない反応をさらに誘発するかもしれない副生成物である HCl を取り除くため，そしてもう一つは，アルコールがカルボニル基を攻撃して四面体中間体を生成する際に，アルコールからプロトンを引き抜くためである（図7.12）．この方法は一般にエステル化合物をつくる非常に速い方法であるが，出発原料である塩化アシルのは入手が簡単でなく安定でないという欠点がある．酸塩化物は高価なものもあり，正しく保管しないと加水分解されてカルボン酸を生成してしまう．

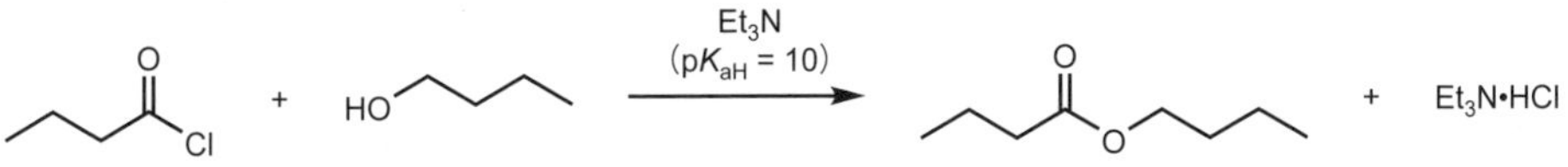

図7.12 酸塩化物とアルコールからエステルを生成する

酸無水物からのエステル合成は通常，酸塩化物のときよりもやや強い条件を必要とする．それは酸無水物が酸塩化物と比較して反応性が低いからである（図7.13）．再び塩基が登場しているが，これもアルコールがカルボニル基を攻撃するときにアルコールからプロトンを引き抜くためである．酸無水物を使うときは，求核剤がどちら側のカルボニルを攻撃するか見極める必要があり，さもないと間違った生成物ができてしまう！

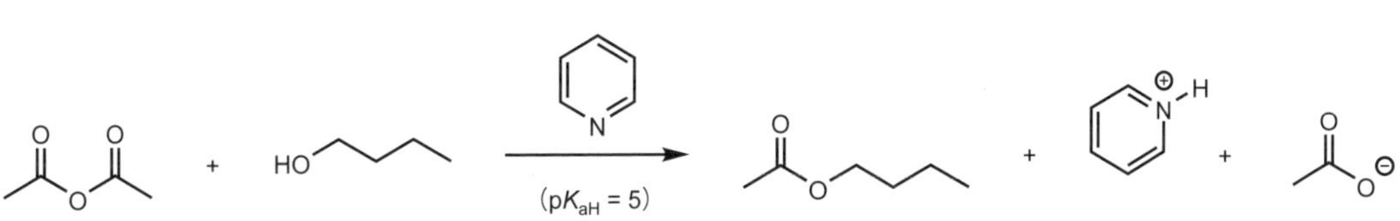

図7.13 酸無水物とアルコールからエステルを生成する

フィッシャーエステル合成として知られるもう一つの方法では，酸触媒存在下でカルボン酸を用いる（図7.14）．酸は，カルボニル酸素をプロトン化してカルボニル基を活性化する（全機構は例題7.6Bを見よ）．この反応は平衡にあるため，副生成物である水をディーン–シュターク（Dean-Stark）装置を使って取り除くか，過剰のアルコールを用いるかして，平衡を所望の生成物のほうに確実に偏らせるのが最もよい．

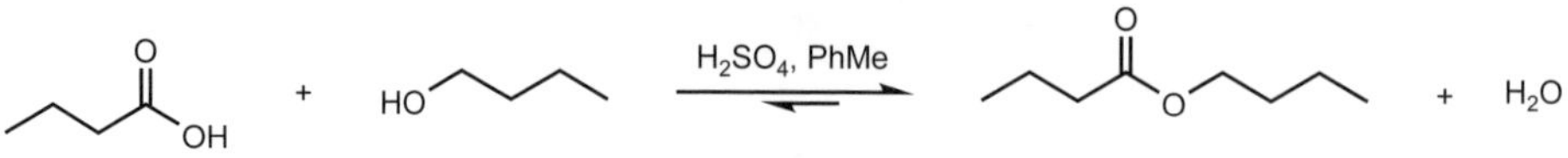

図7.14　カルボン酸とアルコールからエステルを生成する

エステルはどのように反応するか

（7.4節で議論したように）エステルは，カルボン酸に変換できる．またエステルは，優れた求核剤，たとえばグリニャール反応剤の付加により第三級アルコールを生成するのに用いられる．

例題 7.6A

次の変換反応の反応機構を示せ．

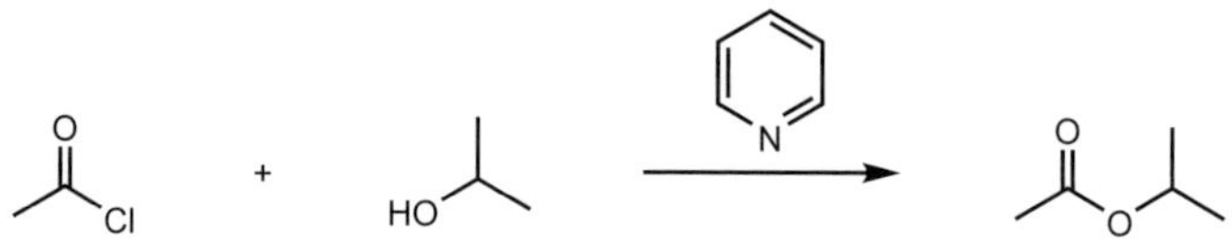

解き方

　図示した反応はエステルを合成する一般的な方法である．塩化アシルはきわめて反応性が高いので，反応はすぐに進行する．ピリジンは次の二つの役割がある．一つは反応中に生成する HCl を中和して塩を生成

経路 1

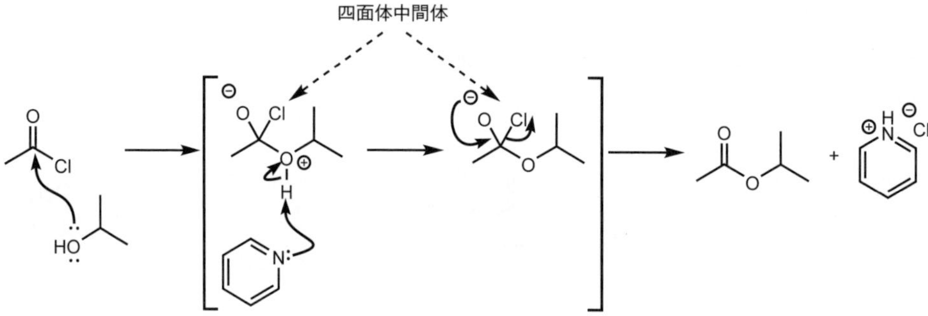

経路 2

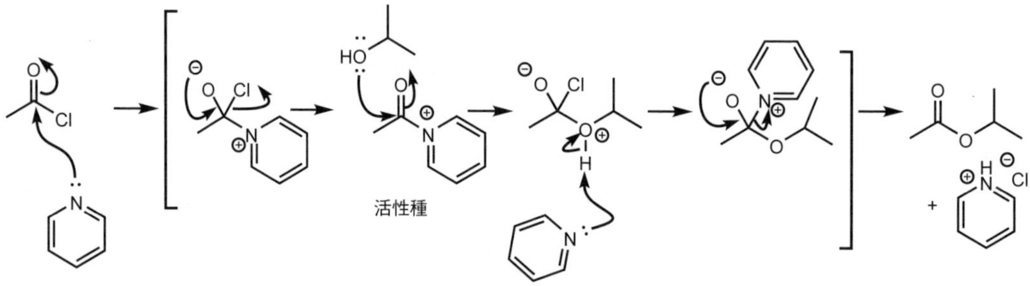

する（経路1）．そして，もう一つは酸塩化物の活性化である（経路2）．

ピリジンはアルコールを脱プロトン化するほど強い塩基ではないので，この脱プロトン化機構は選択肢に含まれない．カルボニル基への付加のような反応はすべて，四面体中間体が生成する．この場合，塩素が脱離して図に示したようにエステルが生じる．

→使われた塩基がトリエチルアミンならば，経路2は立体的な要因から，起こりそうもない．

例題 7.6B

次の変換反応の反応機構を示せ．

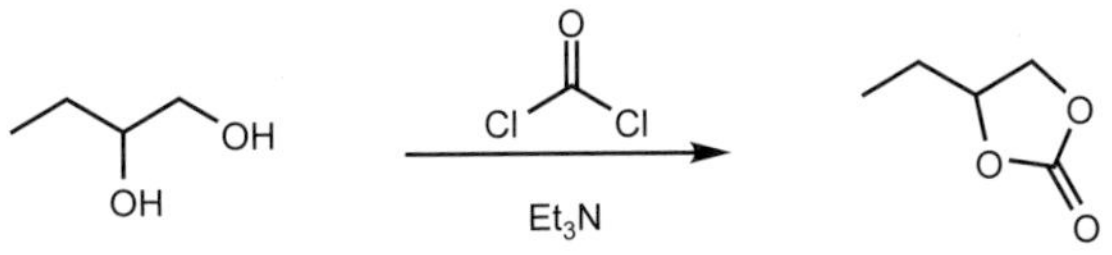

解き方

この反応ではジオールが炭酸エステル（カルボニル基が二つの酸素原子にはさまれている）に変換されている．反応機構は先の例と類似している．トリエチルアミンがホスゲン（COCl$_2$）を攻撃し，活性中間体ができ，次にそれがアルコールによって攻撃されてエステルが生成する．このプロセスは2度起こる．反応の順番という点では，第一級アルコールがおそらく立体的な要因からホスゲンを最初に攻撃するだろう．次に塩化アシルの近くにある第二級アルコールがそれを攻撃して閉環するであろう．

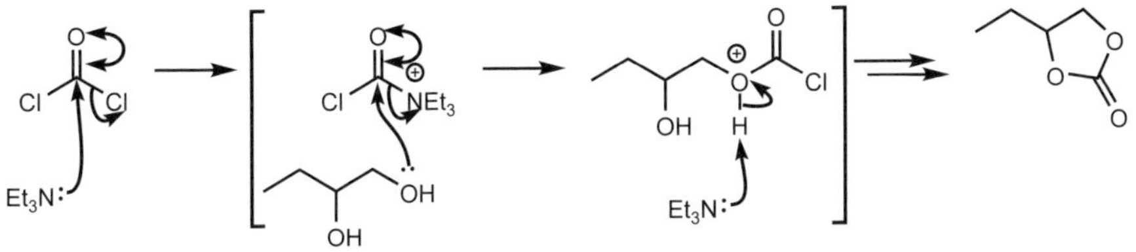

❓ 問題 7.16

次の反応の反応機構を示せ．ピリジンの役割は何か．

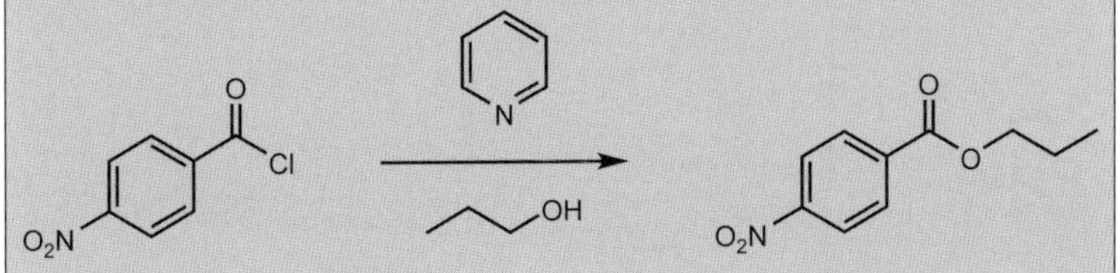

問題 7.17

アセチルサリチル酸（アスピリン）はサリチル酸のプロドラッグである．それが胃に入ると，どの結合が加水分解されるか示せ．この変換の反応機構を示せ．

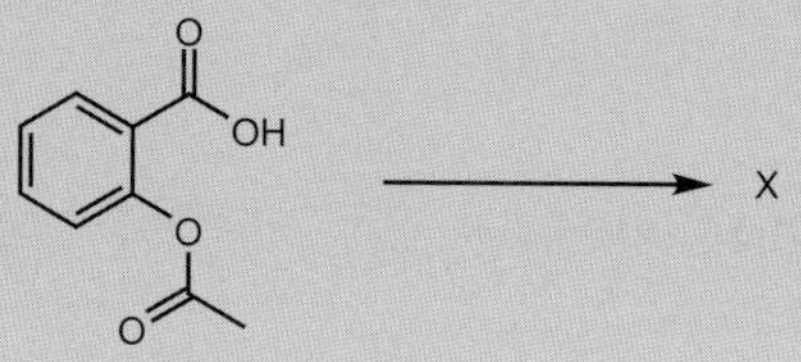

問題 7.18

次の反応はエステルを生成するか？　その答えの理由も述べよ．

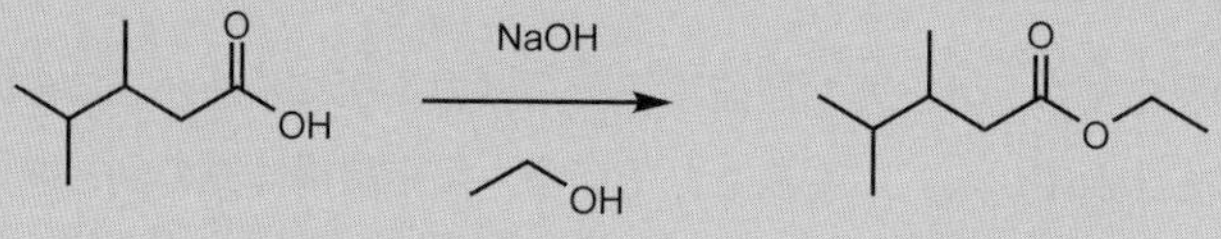

7.7　アミド

アミドとは何か

アミドは，窒素原子と炭素原子に結合しているカルボニル基をもつカルボニル化合物の一種である．アミド結合はペプチドやタンパク質に存在しているので，アミドは生物学的にも重要な化合物である．

アミドはエステルよりも（求核攻撃に対して）強い．それは窒素の孤立電子対が，カルボニルの軌道との重なりが大きいので，より効果的にカルボニル基に非局在化しているためであることと，窒素は酸素よりも電気陰性度が小さいためである．これは，中心炭素原子の求電子性が低く，酸素原子がより求核的であることを意味する（図 7.15）．アミドに関して注意すべき重要な点はその命名法である．その名称は，エステルと同様，二つの部分からなる．窒素に結合しているアルキル鎖を最初に命名し，次にアミドのカルボニル基を含む最も長い連続した炭素鎖をつける．

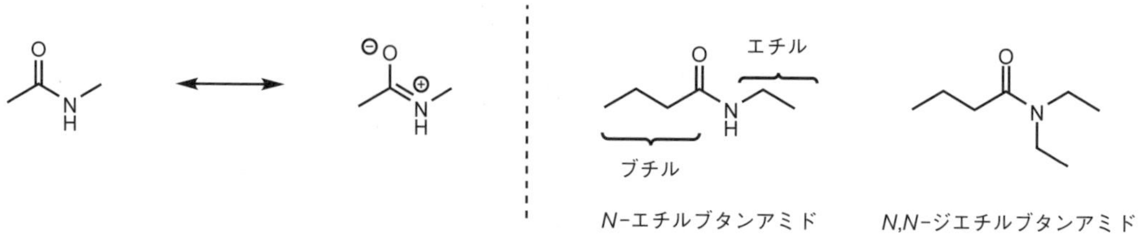

> 化学ではこれらの化合物をアミドとよんでいるが，複数のアミノ酸が結合しているものを扱う生化学やケミカルバイオロジーではこれらの結合をペプチドとよぶことが多い．

図 7.15　アミドの構造と命名

アミドをどのように合成するか

アミドはいろいろな方法で合成できるが，大学初年級でよく目にする方法はアミンとエステルもしくは塩化アシルとの反応である．アミドはアミンとカルボン酸との反応でもできるが，通常，カップリング剤が必要である．しかしそれは本書の範囲を超える．機構的には，以前に議論したエステルや塩化アシルと比べても決して目新しい方法ではない．

アミドはどのように反応するか

アミドはエステルとほぼ同じ様式で反応するが，アミドは安定性が高いため，より強い条件が必要なことも多い．アミドは加水分解されてカルボン酸とアミンを与え，還元されるとアミンを与える．グリニャール反応剤との反応は遅く，収率は低い．しかし，これには一つ例外がある．ワインレブアミド（N-メチル-N-メトキシアミド）を用いると，アミドからよい収率と選択性でケトンを生成できる．

➡ ワインレブ（Weinreb）アミド

例題 7.7A

次の反応の反応機構を示せ．

解き方

この反応の見方は，これまで学んできた他のカルボニルの反応と同じである．塩化アシルは，塩素の電気陰性度のためにカルボニル炭素が高度に求電子的なので，求核剤に対して非常に反応性が高く，塩素は優れた脱離基（Cl^- として脱離）である．アミンの窒素は $C=O$ π^*軌道を攻撃できる孤立電子対をもつので，アミンは優れた求核剤である．そして四面体中間体を生成し，次に塩化物イオンが脱離する．アミンではなく塩化物イオンが脱離する理由は，それぞれの pK_{aH} 値に起因する．塩化物イオンの pK_{aH}（すなわち HCl）の値は -8 であるが，アミン（すなわち RNH_2）の pK_{aH} はおおよそ 36 である．これは，塩化物イオンがアミンより低い pK_{aH} であるため，より安定であることを意味し，したがってより優れた脱離基といえる．この反応が進行するには，過剰量のアミンが必要になる．それは 1 分子の HCl が解き放たれ，共存するアミンとの塩を形成するからである．

➡ pK_{aH} はプロトン化された親種の pK_a 値であることを思い起こせ．復習するには 3 章 3.4 節を見よ．

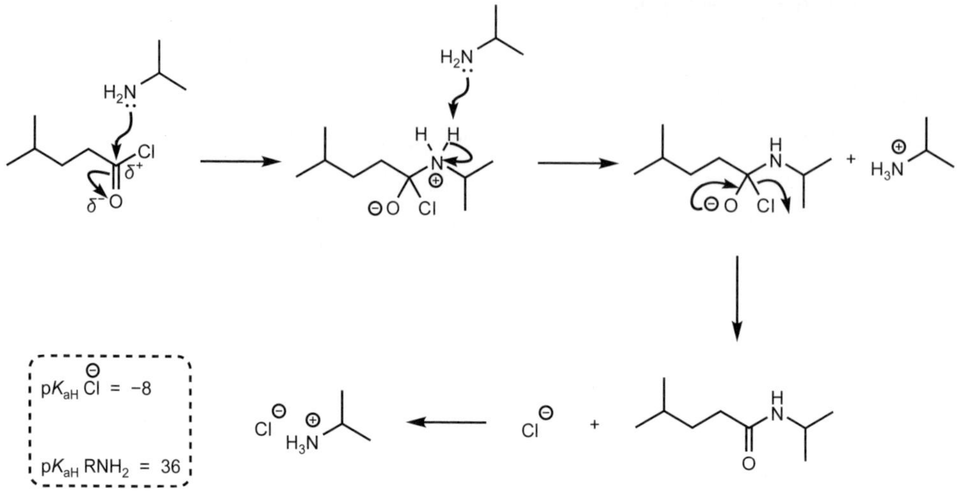

$pK_{aH}\ Cl^{\ominus} = -8$

$pK_{aH}\ RNH_2 = 36$

例題 7.7B

次の反応の反応機構を示せ.

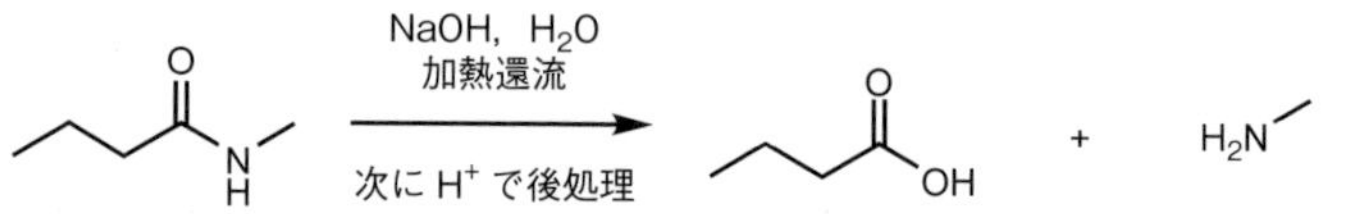

NaOH, H₂O
加熱還流

次に H⁺ で後処理

解き方

　アミドの加水分解は，エステルの加水分解よりも，もっと強い条件が必要である．そのため，この反応は加熱還流で行わなければならない．水酸化物イオンは δ^+ 性のカルボニル炭素を攻撃して四面体中間体を生成する．次に，これが開裂してアミンをそのアニオンとして脱離させる．アミンの pK_a はおおよそ 32 であり，水の pK_a は 15.7 であるので，生成したアミンアニオンはまわりに存在する水を脱プロトン化する．新たに生じたカルボン酸は脱プロトン化されるため，これ以上反応できない．負電荷が非局在化するためにカルボニル基が求核剤に対して不活性になることがその理由である.

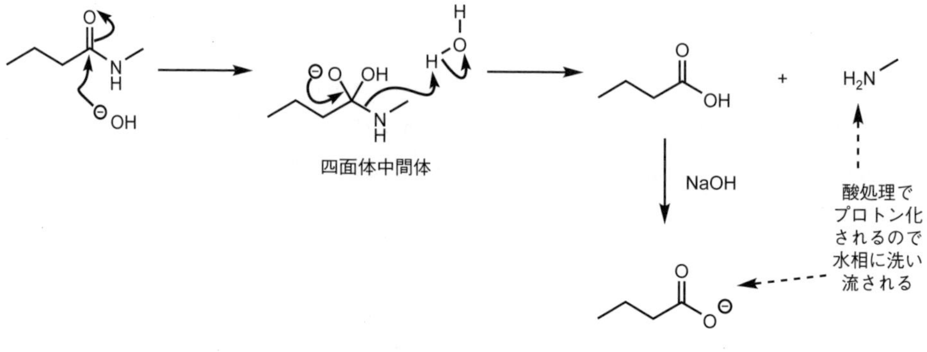

四面体中間体

NaOH

酸処理で
プロトン化
されるので
水相に洗い
流される

問題 7.19

次の還元の反応機構を示せ.

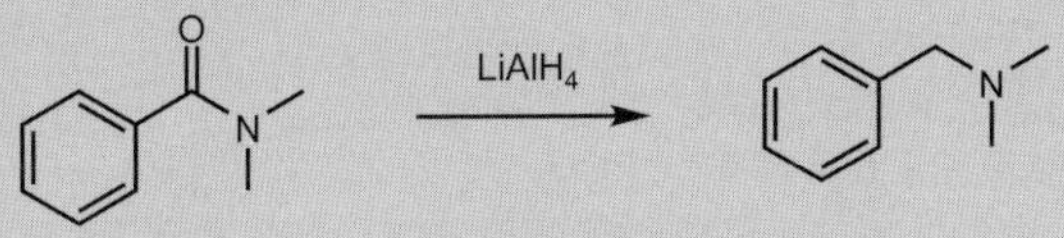

▶ヒント　共鳴を考慮せよ.

問題 7.20

次の反応の反応機構を示せ.

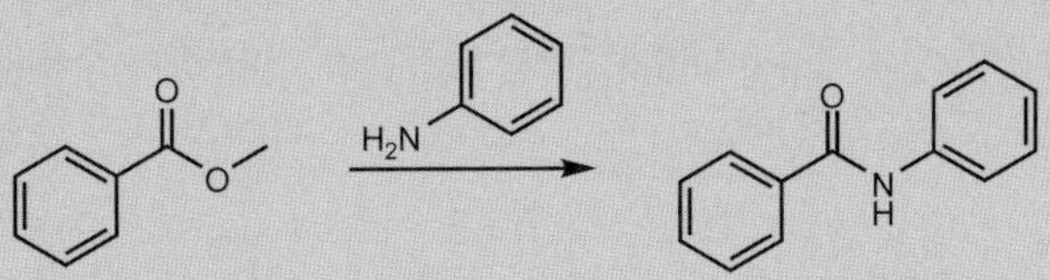

問題 7.21

　次に示したワインレブアミドのケトンへの変換の反応機構を示せ. ワインレブアミドはどのように合成したらよいか？

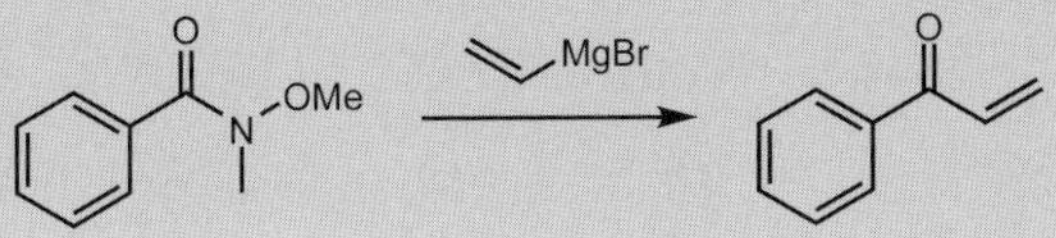

7.8 演習問題

問題 7.22

次に示した反応の主生成物を示せ.

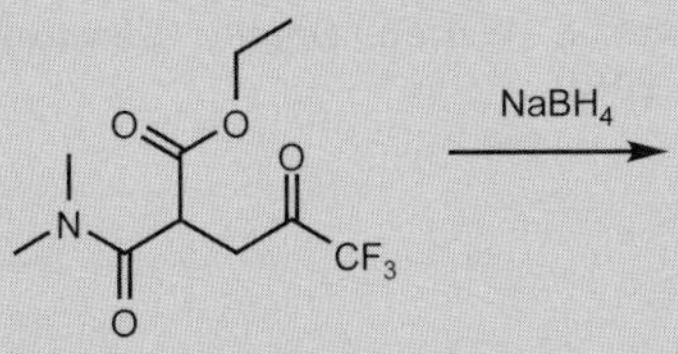

❓ 問題 7.23

段階 A と段階 C の反応剤と反応条件を示せ．段階 A と段階 C の反応機構を示せ．

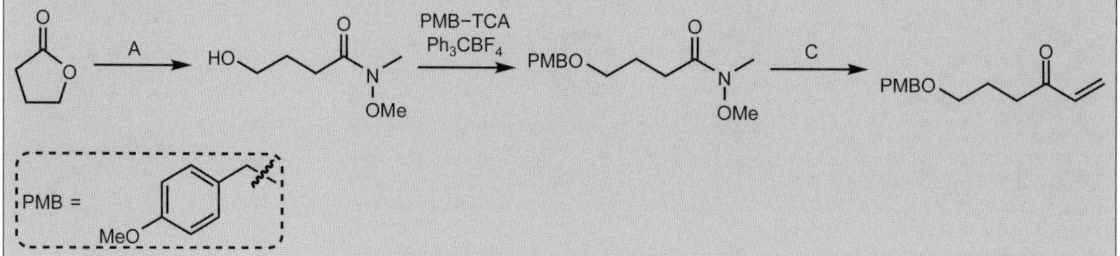

❓ 問題 7.24

アンピシリン（ampicillin）中のβ-ラクタム環の加水分解機構を示せ．

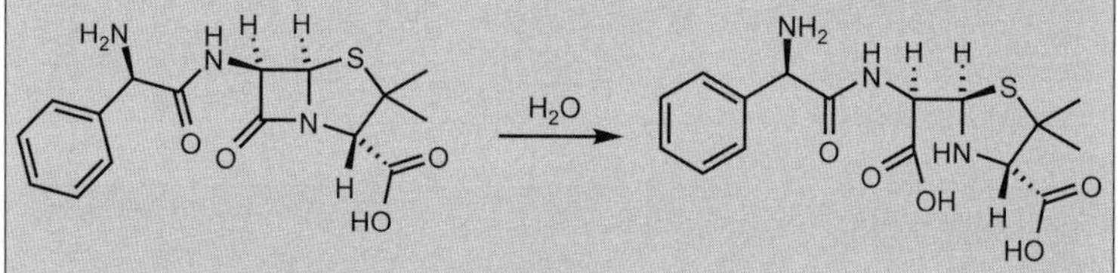

❓ 問題 7.25

次のケトンのうち，NaBH₄ で最も速やかに還元されると思われるものはどれか？　その理由は？

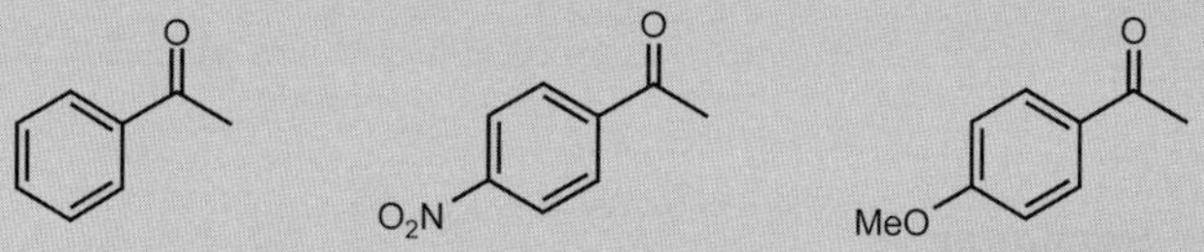

参考文献

J. Clayden, N. Greeves, S. Warren, *Organic Chemistry*, 2nd edn, Oxford University Press（2012）．

総合問題

S1

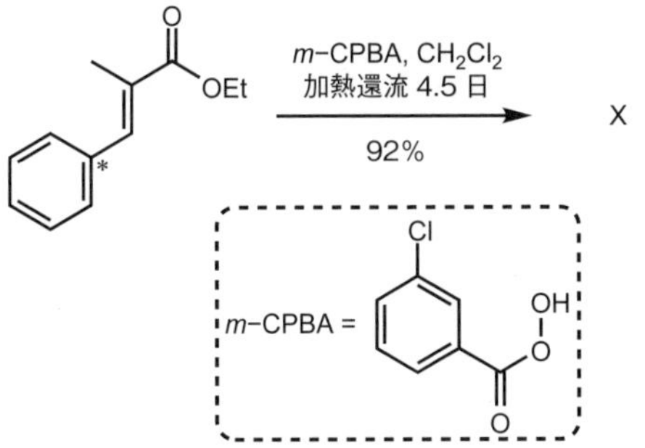

図示した反応式に関して次の問いに答えよ.

(a) このアルケンの (E)/(Z) を考え方とともに答えよ.

(b) ＊印をつけた C の混成状態は何か？

(c) m-CPBA との反応の生成物を予測し, 反応機構を示せ.

S2

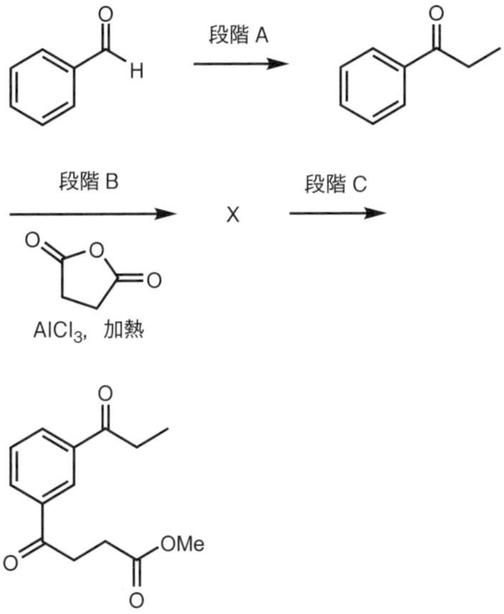

図に示した反応式に関して次の問いに答えよ.

(a) 段階 A の反応剤, 反応条件とすべての反応機構を示せ.

(b) 段階 B の反応名は何か. X の生成機構をすべて書き, その位置選択性を説明せよ.

(c) 段階 C の反応剤, 反応条件, 生成物への変換機構をすべて書け.

S3

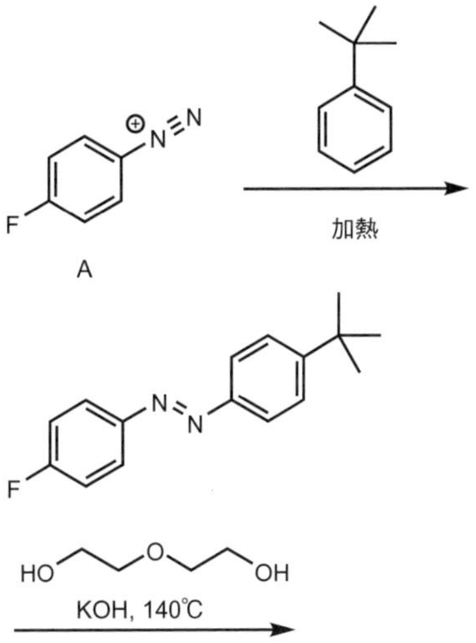

図に示した反応式に関して次の問いに答えよ.

(a) アゾカップリング段階の反応機構を書け.

(b) X の構造式を示し, その生成機構を書け.

(c) 1-フルオロ-4-ニトロベンゼンから始めて, 原料のジアゾニウム種 A の合成の工程を示せ. （ヒント：2 工程を要する）

S4

(2S,3S)-2-ブロモ-3-メチルペンタンがリチウムジイソプロピルアミド（LDA）と反応すると二つの主生成物を与える.

(a) (2S,3S)-2-ブロモ-3-メチルペンタンの構造を書け.

(b) 二つの生成物の構造を推定し, それぞれの反応機構を書け.

S5

ヒドロホウ素化-酸化はアルケンからアルコールを生成するのに使われる. その工程は次のとおりである.

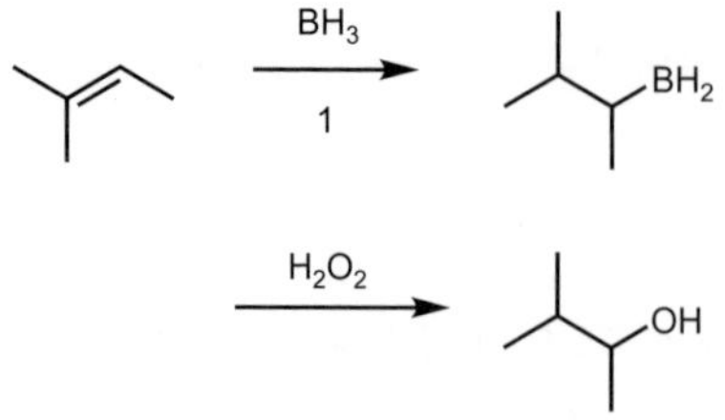

（a）段階 1 は求電子付加である．どれが求核剤でどれ
が求電子剤か．

（b）合成される分子はマルコフニコフ生成物か反マル
コフニコフ生成物か？

（c）このアルケンから次の第三級アルコールを合成す
るのに，どの反応剤を使えばよいか．反応機構も
示せ．

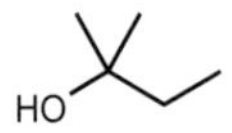

S6

ジフェンヒドラミン誘導体の合成の途中で次の 2

工程反応を行う．

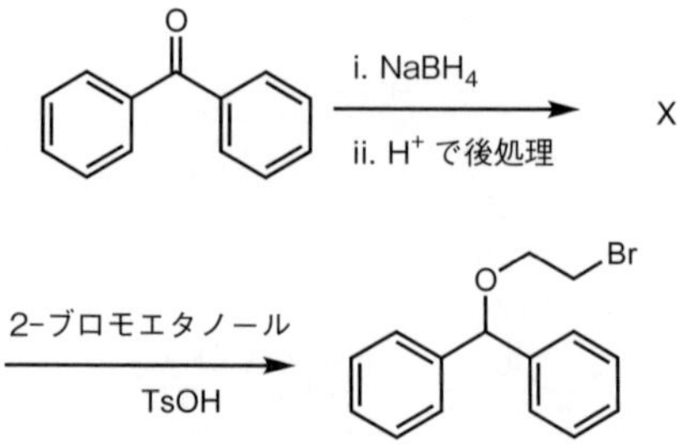

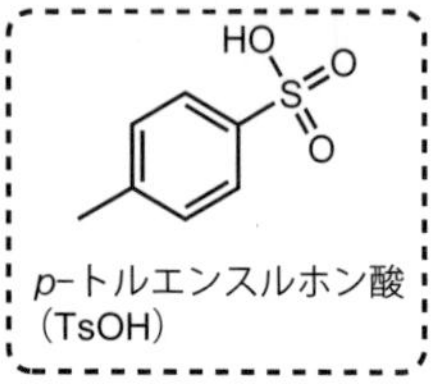

（a）反応の第 1 段階の生成物を推定せよ．

（b）第 2 段階の反応機構を書け．

略　解

　本文で課した問題の最終的な答えをできるだけここに示す．本書のすべての設問の詳細な解答は化学同人のホームページで見ることができる．
https://www.kagakudojin.co.jp/book/b512442.html

1章

問題 1.3

(a) 3-メチルペンタン

(b) 4-エチル-5-メチル-1-ヘプテン（4-エチル-5-メチルヘプト-1-エン）

(c) プロパン酸（プロピオン酸）

(d) 3-メチル-1-シクロヘキサノール（3-メチルシクロヘキサン-1-オール）

(e) 4-ブロモ-2-ペンタノール（4-ブロモペンタン-2-オール）

(f) 1,2-ジクロロベンゼン，もしくはオルト-ジクロロベンゼン

問題 1.5

結合次数：0

問題 1.6

(a) 一つの σ 結合性 MO と一つの σ* 反結合性 MO が生成する．

(b) 一つの π 結合性 MO と一つの π* 反結合性 MO が生成する．

問題 1.7

(a) C1, C2: sp^3; C3, C4: sp^2

(b) C1: sp^2; C2: sp^3; C3, C4: sp

(c) C1, C2: sp^2; C3, C4: sp^3

(d) C1: sp; C2: sp^2

(e) プロピンの C3 位のフェニル基：$6 \times sp^2$．プロピンの C3 位：sp^3；プロピンの C1 位と C2 位：sp

(f) すべての C 原子が sp^2 混成している．

問題 1.8

(a) O：sp^3 混成

(b) O/N：sp^2 混成

(c) N：sp 混成

(d) N：sp^2 混成

問題 1.9

(a) 1　　(b) 1　　(c) 2

(d) 4　　(e) 15　　(f) 0

(g) 1　　(h) 16

問題 1.10

6DBE（二重結合等価性）：S(Ⅵ) は式 1.2 を適用できない．

問題 1.11

(a) 非極性

(b) 極性

(c) 非極性

(d) 極性

(e) 極性

問題 1.12

(a) B

(b) A

(c) A

(d) B

問題 1.13

(a) 芳香族　　(b) 非芳香族

(c) 非芳香族　(d) 芳香族

(e) 芳香族　　(f) 反芳香族

(g) 非芳香族　(h) 芳香族

問題 1.14

(a) 芳香族　　(b) 非芳香族

(c) 芳香族　　(d) 芳香族

(e) 非芳香族　(f) 芳香族

問題 1.16

(a) A

(b) A

(c) B

(d) B

演習問題 1.19

(a) 該当なし　(b) 非芳香族

(c) 該当なし

演習問題 1.20

「X」は「A」のエノラートである．

2章

問題 2.2

(a) 位置異性体

(b) 鎖状異性体

(c) 官能基異性体

(d) 鎖状および官能基異性体

問題 2.3

(a) $-OH > -NH_2 > -CH_3 > -H$

(b) $-C \equiv CH > -C(H) = CH_2 > -CH_3 > -H$

(c) $-NH_2 > -Et > -CH_3 > -H$

(d) $-NO_2 > -NMe_2 > -NH_2 > -CN$

問題 2.4

(a) トランス　　(b) シス
(c) シス　　(d) トランス

問題 2.5

(a) (Z)　　(b) (Z)
(c) (E)　　(d) (Z)

問題 2.7

(a) (S)　　(b) (R)
(c) (R)　　(d) (S)
(e) (R)　　(f) (S)

問題 2.8

(a) エナンチオマー
(b) 立体異性体ではない
(c) メソ
(d) エナンチオマー
(e) ジアステレオマー
(f) ジアステレオマー

演習問題 2.9

(a) 1-ブロモブタン，2-ブロモブタン，1-ブロモ-2-メチルプロパン，2-ブロモ-2-メチル
プロパン

(b) (R)-2-ブロモブタン，(S)-2-ブロモブタン

演習問題 2.10

(a) 両者とも (S)
(b) それらはエナンチオマーである
(c) 該当なし

4章

問題 4.1

(a) E2　　(b) E1　　(c) E1
(d) E2　　(e) E1cB

問題 4.2

4

付表 1　酸性度定数

特記しないかぎり，水中での 298 K での pK_a 値を採用.

酸	化学式	pK_a*
ヨウ化水素酸	HI	-10
臭化水素酸	HBr	-9
塩化水素	HCl	-7
硫酸	H_2SO_4	-3
過塩素酸	$HClO_4$	-1.6
硝酸	HNO_3	-1.4
トリクロロ酢酸	CCl_3CO_2H	$0.66^\dagger$
ヨウ素酸	HIO_3	0.78
シュウ酸	$(CO_2H)_2$	1.25
ホスホン酸（亜リン酸）	H_3PO_3	$1.3^\dagger$
ジクロロ酢酸	Cl_2CHCO_2H	1.35
亜硫酸	H_2SO_3	1.85
亜塩素酸	$HClO_2$	1.94
硫酸水素イオン	HSO_4^-	1.99
リン酸	H_3PO_4	2.16
クロロ酢酸	$ClCH_2CO_2H$	2.87
ブロモ酢酸	$BrCH_2CO_2H$	2.90
フッ化水素酸	HF	3.20
亜硝酸	HNO_2	3.25
ギ酸	HCO_2H	3.75
シュウ酸水素イオン	$HO_2CCO_2^-$	3.81
安息香酸	$C_6H_5CO_2H$	4.20
酢酸	CH_3CO_2H	4.76
フェニルアンモニウムイオン	$PhNH_3^+$	4.87
プロピオン酸（プロパン酸）	$CH_3CH_2CO_2H$	4.87
ピリジニウムイオン	$C_5H_5NH^+$	5.23
炭酸	H_2CO_3	6.35
硫化水素	H_2S	7.05
亜硫酸イオン	HSO_3^-	7.2
ジヒドロリン酸イオン	$H_2PO_4^-$	7.21
次亜塩素酸	HClO（または HOCl）	7.40
ヒドラジニウムイオン	$NH_2NH_3^+$	8.1
次亜臭素酸	HBrO（または HOBr）	8.55
ペンタン-2,4-ジオン	$MeCOCH_2COMe$	9.0
シアン化水素酸	HCN	9.21
アンモニウムイオン	NH_4^+	9.25
ホウ酸	H_3BO_3（または $B(OH)_3$）	$9.27^\dagger$
トリメチルアンモニウムイオン	Me_3NH^+	9.80
ケイ酸	H_4SiO_4	$9.9^\ddagger$
フェノール	C_6H_5OH	9.99
炭酸水素イオン	HCO_3^-	10.33
エチルアンモニウムイオン	$EtNH_3^+$	10.65
メチルアンモニウムイオン	$MeNH_3^+$	10.66
トリエチルアンモニウムイオン	Et_3NH^+	10.75
過酸化水素	H_2O_2	11.62
リン酸水素イオン	HPO_4^{2-}	12.32
水	H_2O	14.00
メタノール	MeOH	15.5
硫化水素酸イオン	HS^-	19
2-プロパノン	MeCOMe	20
エチン（アセチレン）	C_2H_2	25

（次頁につづく）

付表 1　酸性度定数（続き）

酸	化学式	$pK_a{}^*$
水素	H_2	35
アンモニア	NH_3	38
ベンゼン	C_6H_6	43
エテン（エチレン）	C_2H_4	44
エタン	C_2H_6	50

* −2 以下と 18 以上の値は概算

† 293 K

‡ 303 K

出典

Haynes, W. M.（ed.）（2015-16）. *CRC handbook of chemistry and physics*, 96th edn. CRC Press, Boca Raton, Florida. Smith, M. B. and March, J.（2007）. *March's advanced organic chemistry: reactions, mechanisms, and structure*, 6th edn. Wiley-Interscience, New York.

付表 2　一般的な元素の電気陰性度

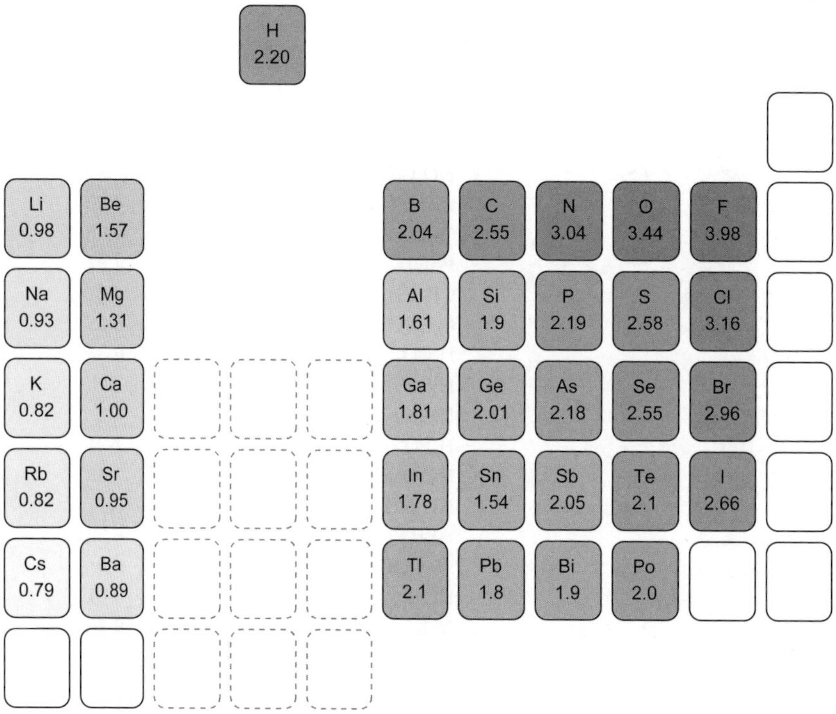

付表 3　IUPAC による一般的な官能基の優先性（減少する順）

官能基	構造	接頭語	接尾語
ラジカル	R⋅	——	−イル (–yl)
アニオン	R⊖	——	−イド (–ide)
カチオン	R⊕	——	−イリウム (–ylium)
カルボン酸		カルボキシ− (carboxy–)	−酸 (-oic acid)
エステル		アルコキシ−オキソ− (alkoxy-oxo–) （アルコキシカルボニル−）	−アート (–oate)
酸ハロゲン化物	X = Cl, Br, I	ハロ−オキソ− （ハロカルボニル−）	-oyl halide
アミド		アミノ−オキソ− （アミノカルボニル−）	−アミド (–amide)
ニトリル		シアノ−	−ニトリル (–nitrile)
アルデヒド		オキソ−	−アール (–al)
ケトン		オキソ−	−オン (–one)
アルコール		ヒドロキシ−	−オール (–ol)
チオール		スルファニル−	−チオール (–thiol)
アミン		アミノ−	−アミン (–amine)
イミン		イミノ−	−イミン (–imine)
アルケン		——	−エン (–ene)
アルキン	R≡R'	——	−イン (–yne)

索　引

データ

物理定数

名称	記号	数値
アボガドロ定数	N_A	6.022×10^{23} mol^{-1}
(理想) 気体定数	R	8.314 J K^{-1} mol^{-1}
ボルツマン定数	k_B	1.381×10^{-23} J K^{-1}
プランク定数	h	6.626×10^{-34} J s
ファラデー定数	F	96 485 C mol^{-1}
リュードベリ定数	R_H	1.097×10^{7} m^{-1}
カプスチンスキー定数	κ	1.0790×10^{-4} J m mol^{-1} 107 900 kJ pm mol^{-1}
真空中の光速	c	2.998×10^{8} m s^{-1}
電気素量	e	1.602×10^{-19} C
電子の質量	m_e	9.109×10^{-31} kg
陽子の質量	m_p	1.673×10^{-27} kg
中性子の質量	m_n	1.675×10^{-27} kg
真空の誘電率（電気定数）	ε_0	8.854×10^{-12} J^{-1} C^2 m^{-1}

SI接頭辞

名称		記号	数値
ピコ	Pico	p	$\times 10^{-12}$
ナノ	Nano	n	$\times 10^{-9}$
マイクロ	Micro	μ	$\times 10^{-6}$
ミリ	Milli	m	$\times 10^{-3}$
キロ	Kilo	k	$\times 10^{3}$
メガ	Mega	M	$\times 10^{6}$
ギガ	Giga	G	$\times 10^{9}$
テラ	Tera	T	$\times 10^{12}$

元素周期表

凡例
- 原子番号
- 元素記号
- 相対原子質量

	8
	O
	15.999

族 周期	1	2	3	4	5	6	7	8	9	10	11	12	13	14	15	16	17	18
1	1 H 1.0079																	2 He 4.0026
2	3 Li 6.941	4 Be 9.0122											5 B 10.811	6 C 12.011	7 N 14.007	8 O 15.999	9 F 18.998	10 Ne 20.180
3	11 Na 22.990	12 Mg 24.305											13 Al 26.982	14 Si 28.086	15 P 30.974	16 S 32.065	17 Cl 35.453	18 Ar 39.948
4	19 K 39.098	20 Ca 40.078	21 Sc 44.955	22 Ti 47.867	23 V 50.942	24 Cr 51.996	25 Mn 54.938	26 Fe 55.845	27 Co 58.933	28 Ni 58.693	29 Cu 63.546	30 Zn 65.409	31 Ga 69.723	32 Ge 72.64	33 As 74.922	34 Se 78.96	35 Br 79.904	36 Kr 83.798
5	37 Rb 85.468	38 Sr 87.62	39 Y 88.906	40 Zr 91.224	41 Nb 92.906	42 Mo 95.94	43 Tc (98)	44 Ru 101.07	45 Rh 102.91	46 Pd 106.42	47 Ag 107.87	48 Cd 112.41	49 In 114.82	50 Sn 118.71	51 Sb 121.76	52 Te 127.60	53 I 126.90	54 Xe 131.29
6	55 Cs 132.91	56 Ba 137.33	57 La 138.91	72 Hf 178.49	73 Ta 180.95	74 W 183.84	75 Re 186.21	76 Os 190.23	77 Ir 192.22	78 Pt 195.08	79 Au 196.97	80 Hg 200.59	81 Tl 204.38	82 Pb 207.2	83 Bi 208.98	84 Po (209)	85 At (210)	86 Rn (222)
7	87 Fr (223)	88 Ra (226)	89 Ac (227)	104 Rf (263)	105 Db (262)	106 Sg (266)	107 Bh (272)	108 Hs (277)	109 Mt (276)	110 Ds (281)	111 Rg (280)	112 Cn (277)	113 Nh (278)	114 Fl (289)	115 Mc (289)	116 Lv (298)	117 Ts (210)	118 Og (222)

s-ブロック　d-ブロック　p-ブロック

ランタノイド 6	58 Ce 140.12	59 Pr 140.91	60 Nd 144.24	61 Pm (145)	62 Sm 150.36	63 Eu 151.96	64 Gd 157.25	65 Tb 158.93	66 Dy 162.50	67 Ho 164.93	68 Er 167.26	69 Tm 168.93	70 Yb 173.04	71 Lu 174.97
アクチノイド 7	90 Th 232.04	91 Pa 231.04	92 U 238.03	93 Np 237	94 Pu (244)	95 Am (243)	96 Cm (247)	97 Bk (247)	98 Cf (251)	99 Es (252)	100 Fm (257)	101 Md (258)	102 No (259)	103 Lr (262)

f-ブロック

訳者略歴

新藤　充（しんどう　みつる）
九州大学先導物質化学研究所　教授

1963 年　東京都生まれ，東京都育ち
1990 年　東京大学大学院薬学系研究科　博士課程中退
その後，東京大学薬学部教務職員，フロリダ州立大学博士研究員，東京大学薬学部
助手，徳島大学薬学部助教授，九州大学先導物質化学研究所准教授を経て，2010 年
から現職．
専門分野は有機合成化学，天然物化学など．
博士（薬学）

演習で学ぶ有機化学　基礎の基礎

2021 年 6 月 10 日　第 1 版第 1 刷　発行
2024 年 3 月 1 日　　　第 3 刷　発行

訳　者　新　藤　　　充
発行者　曽　根　良　介
発行所　株式会社化学同人

検印廃止

〒600-8074　京都市下京区仏光寺通柳馬場西入ル
編集部　TEL 075-352-3711　FAX 075-352-0371
営業部　TEL 075-352-3373　FAX 075-351-8301
振　替　01010-7-5702
e-mail webmaster@kagakudojin.co.jp
URL　https://www.kagakudojin.co.jp
印刷・製本　創栄図書印刷（株）

ISBN978-4-7598-2027-0